Priya Bramhwanshi
Sagar Dhotare

Avaliação do desempenho de materiais para calços de travões

Priya Bramhwanshi
Sagar Dhotare

Avaliação do desempenho de materiais para calços de travões

Uma análise dos parâmetros

ScienciaScripts

Imprint
Any brand names and product names mentioned in this book are subject to trademark, brand or patent protection and are trademarks or registered trademarks of their respective holders. The use of brand names, product names, common names, trade names, product descriptions etc. even without a particular marking in this work is in no way to be construed to mean that such names may be regarded as unrestricted in respect of trademark and brand protection legislation and could thus be used by anyone.

Cover image: www.ingimage.com

This book is a translation from the original published under ISBN 978-620-7-64958-7.

Publisher:
Sciencia Scripts
is a trademark of
Dodo Books Indian Ocean Ltd. and OmniScriptum S.R.L publishing group

120 High Road, East Finchley, London, N2 9ED, United Kingdom
Str. Armeneasca 28/1, office 1, Chisinau MD-2012, Republic of Moldova, Europe
Printed at: see last page
ISBN: 978-620-7-67067-3

RECONHECIMENTO

I Estou incrivelmente grato por toda a ajuda, conselhos e inspiração que me permitiram terminar este livro. Estou-lhe grato, em primeiro lugar e acima de tudo, por aqueles cuja orientação e sabedoria influenciaram grandemente este trabalho.

Tenho uma dívida de gratidão para com a minha equipa de investigação, uma vez que o seu empenho e diligência melhoraram as nossas conclusões. A amplitude e a profundidade da nossa investigação foram grandemente reforçadas pelos conhecimentos e pela gentileza de profissionais e especialistas em materiais para pastilhas de travão.

Aos meus amigos: Fui motivado pela vossa amizade e apoio constante. Agradeço ao pessoal da [Editora] pelo profissionalismo com que asseguraram a qualidade do produto acabado.

Por último, gostaria de agradecer à minha família pelo seu amor e apoio durante esta viagem. Obrigado a todos os que deram o seu contributo, por mais pequeno que fosse. Trabalhámos juntos para produzir este livro e estou muito grato pela vossa bondade.

RESUMO

Uma parte essencial de cada automóvel é o sistema de travagem, que controla a rapidez ou a lentidão com que o veículo se move. A pastilha de travão é um componente crucial deste sistema porque cria fricção contra uma superfície rotativa, normalmente um disco de travão, que é o que faz com que o veículo pare e liberte calor. As pastilhas de travão tornam-se mais eficazes através da utilização de materiais compósitos. Os materiais compósitos, que são frequentemente criados através da mistura de componentes como fibras e resinas, oferecem uma combinação de qualidades como elevada resistência, resistência ao calor e características de desgaste, o que os torna perfeitos para as circunstâncias adversas dos sistemas de travagem...

As vantagens ambientais dos compósitos naturais - que incluem materiais como as fibras vegetais - tornam-nos mais significativos. Constituem um substituto viável, atenuando as consequências ecológicas associadas às pastilhas de travão convencionais feitas de materiais sintéticos. O elevado coeficiente de atrito, a estabilidade térmica, a resistência ao desgaste e o respeito pelo ambiente estão entre as principais qualidades das pastilhas de travão.

Os estudos futuros sobre os materiais das pastilhas de travão abrangerão uma série de ângulos. As áreas importantes incluem a investigação de procedimentos de fabrico sustentáveis, a integração de nanomateriais para melhorar as características e a melhoria das composições de compósitos. O âmbito futuro da investigação em materiais para calços de travão envolve várias dimensões. É provável que os investigadores se concentrem no cumprimento das normas de segurança em evolução, na melhoria do desempenho em condições extremas e na abordagem das preocupações ambientais através da utilização de materiais e técnicas de fabrico inovadores. As áreas importantes incluem a investigação de procedimentos de fabrico sustentáveis, a integração de nanomateriais para melhorar as características e a melhoria das composições compósitas. É provável que os investigadores se concentrem na utilização de materiais e processos de fabrico de vanguarda para abordar as questões ambientais, cumprir os regulamentos de segurança em constante mudança e ter um melhor desempenho em ambientes difíceis.

Além disso, uma área interessante para investigação e desenvolvimento futuros pode ser a integração de materiais e sensores inteligentes para monitorização em tempo real do estado das pastilhas de travão. O âmbito abrange a melhoria da eficiência global, segurança e sustentabilidade dos materiais das pastilhas de travão em resposta ao mundo em constante mudança da tecnologia automóvel e da consciência ambiental.

Palavras-Chave : Materiais para calços, compósitos, compósitos naturais, calços de fricção, calços de freio

Índice

Capítulo 1 - Introdução

1.1 Introdução à pausa

O sistema de travagem de um automóvel é uma peça complexa e vital que protege os outros condutores e os passageiros dentro do automóvel, como mostra a figura 1. As pastilhas de travão são um componente crucial deste sistema, entre muitas outras peças. Estas peças pequenas, mas cruciais, são fundamentais para a eficácia e o funcionamento geral do sistema de travagem. Nesta conversa, falaremos da importância das pastilhas de travão e da forma como contribuem para o desempenho geral e a segurança de um automóvel.

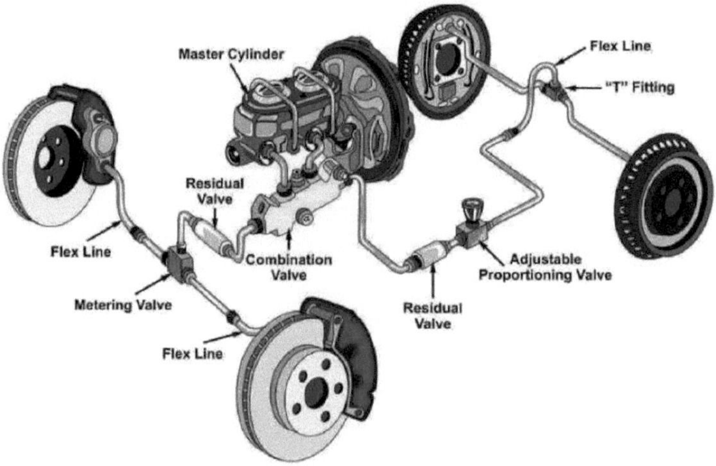

Fig. 1 Sistema de travagem do automóvel

Os materiais de fricção utilizados nas pinças de travão são designados por calços de travão e são cuidadosamente posicionados. As pastilhas de travão e os discos de travão rotativos entram em contacto quando o condutor acciona os travões, causando fricção e abrandando o carro. Através deste processo, a energia cinética do veículo em movimento é transformada em energia térmica e libertada sob a forma de calor.

A qualidade e o estado das pastilhas de travão têm um grande impacto na fiabilidade e eficiência do sistema de travagem. As pastilhas de travão são importantes por várias razões, sendo a principal delas o seu efeito direto na distância de travagem. Uma melhor força de travagem, resultante de calços de travão de elevada qualidade, permite ao condutor parar o automóvel de forma mais rápida e eficaz. Em cenários de emergência, onde uma distância de paragem mais curta pode ser a diferença entre um quase acidente e um acidente, isto é muito importante.

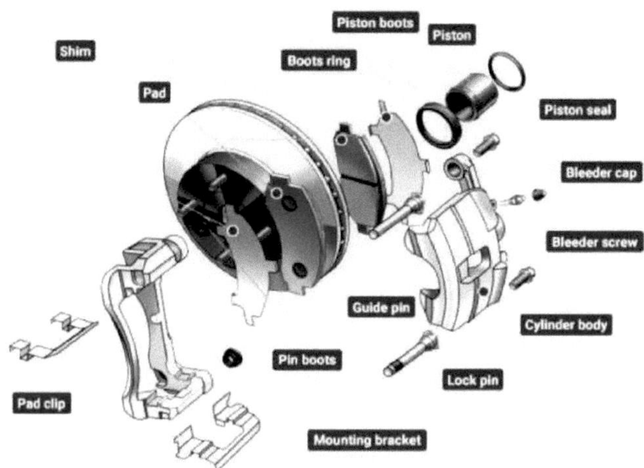

Fig. 2 Sistema de travagem da montagem

A qualidade das pastilhas de travão também tem um impacto na duração do sistema de travagem. As pastilhas de travão de alta qualidade com uma construção duradoura podem suportar o calor extremo produzido durante a travagem e continuar a funcionar bem durante muito tempo. Em vez disso, os discos de travão e outras partes do sistema de travagem podem sofrer um desgaste prematuro devido a pastilhas de travão de má qualidade ou gastas. Isto pode pôr em risco a segurança. Evitar o desgaste excessivo dos discos de travão é outra função importante das pastilhas de travão. O calor e o desgaste podem resultar da fricção criada durante a aplicação da pressão de travagem entre os calços de travão e os discos. Para evitar danos excessivos relacionados com o calor nos discos de travão, as pastilhas de travão de alta qualidade são fabricadas para absorver e libertar uma grande parte deste calor. Isto reduz as despesas de manutenção ao longo do ciclo de vida do veículo e melhora a fiabilidade do sistema de travagem. Além disso, o estado das pastilhas de travão tem um impacto no ruído e nas vibrações produzidas durante a travagem. Toda a experiência de condução pode ser afetada negativamente por ruídos e vibrações desagradáveis causados por calços de travão gastos ou com mau funcionamento. Uma travagem suave e silenciosa é uma caraterística das pastilhas de travão de alta qualidade, o que contribui para uma condução mais relaxante e alegre.

As pastilhas de travão são partes essenciais do sistema de travagem de um automóvel, e a sua importância não pode ser enfatizada. Têm um efeito imediato na durabilidade, eficácia e segurança do sistema de travagem. Para garantir um excelente desempenho de travagem, reduzir o risco de acidentes e melhorar a segurança rodoviária em geral, é imperativo efetuar inspecções de rotina, substituir as pastilhas de travão atempadamente e utilizar pastilhas de travão de alta qualidade.

A eficácia e a segurança dos sistemas de travagem dos automóveis contemporâneos são reforçadas pelos avanços tecnológicos das pastilhas de travão, que são possíveis graças ao reconhecimento crescente do papel vital que as pastilhas de travão desempenham entre os condutores e os entusiastas do sector automóvel.

1.2 Critérios para selecionar o tipo certo de travões para aplicação automóvel:

A seleção do tipo adequado de travões para aplicações automóveis envolve a consideração de vários factores para garantir um desempenho, segurança e fiabilidade ideais.

Seguem-se alguns critérios para escolher o tipo certo de travões:

- ❖ **Tipo e tamanho do veículo:** Veículos diferentes têm requisitos de travagem diferentes com base no seu tamanho, peso e utilização prevista. Os veículos mais leves, como os automóveis de passageiros, podem ser suficientes com sistemas de travagem mais simples, enquanto os veículos mais pesados, como os camiões ou os SUV, podem exigir soluções de travagem mais robustas.
- ❖ **Requisitos de desempenho:** Considere o desempenho de travagem pretendido, incluindo factores como a distância de travagem, a capacidade de resposta e a resistência ao desvanecimento. Os veículos de elevado desempenho ou os que são utilizados em condições exigentes (por exemplo, corridas ou reboque) podem necessitar de travões capazes de suportar temperaturas mais elevadas e de proporcionar uma potência de travagem superior.

- **Condições de condução:** Avalie as condições de condução típicas que o veículo irá encontrar, tais como condução na cidade, em autoestrada, fora de estrada ou em pista. Os travões devem ser seleccionados de acordo com as exigências destas condições, considerando factores como a densidade do tráfego, o terreno e as condições meteorológicas.
- **Custo e orçamento:** Avalie o custo inicial, os requisitos de manutenção e os custos operacionais a longo prazo associados aos diferentes sistemas de travagem. Embora as tecnologias de travagem avançadas possam oferecer um desempenho superior, muitas vezes têm um preço mais elevado. Considere o valor global e a acessibilidade ao longo da vida útil do veículo.
- **Necessidades de manutenção**: Avalie os requisitos de manutenção dos vários sistemas de travagem, incluindo inspeção, substituição de pastilhas ou calços e mudanças de fluido. Alguns sistemas podem ser mais fáceis de manter ou exigir uma manutenção menos frequente do que outros, dependendo da sua conceção e complexidade.
- **Compatibilidade e integração:** Certifique-se de que o sistema de travagem selecionado é compatível com os componentes existentes no veículo, incluindo pinças de travão, rotores, tambores e sistemas hidráulicos. Problemas de compatibilidade podem levar a problemas de desempenho, preocupações de segurança e custos adicionais para modificações ou adaptações.
- **Conformidade regulamentar:** Verifique se o sistema de travagem escolhido cumpre as normas de segurança relevantes e os requisitos regulamentares exigidos pelas autoridades, como a National Highway Traffic Safety Administration (NHTSA) ou os regulamentos ECE da União Europeia. A conformidade com as normas de segurança garante que os travões cumprem os requisitos mínimos de desempenho e segurança.
- **Preferências e experiência do utilizador:** Considere as preferências e expectativas dos utilizadores finais, incluindo condutores, gestores de frotas ou operadores de veículos. Factores como a sensação de travagem, o feedback do pedal e os níveis de ruído podem influenciar a satisfação do utilizador e a aceitação do sistema de travagem escolhido.

1.3 Tipos de pausas:

Seguem-se os tipos de travões com base no seu princípio de funcionamento.

1.3.1 Sistema de travagem hidráulico:

A travagem hidráulica nos automóveis é um aspeto fundamental da segurança do veículo, proporcionando uma potência de travagem fiável para parar o veículo de forma eficiente. Este sistema de travagem baseia-se nos princípios da mecânica dos fluidos e da pressão hidráulica para converter a força aplicada ao pedal do travão em força de travagem em cada roda.

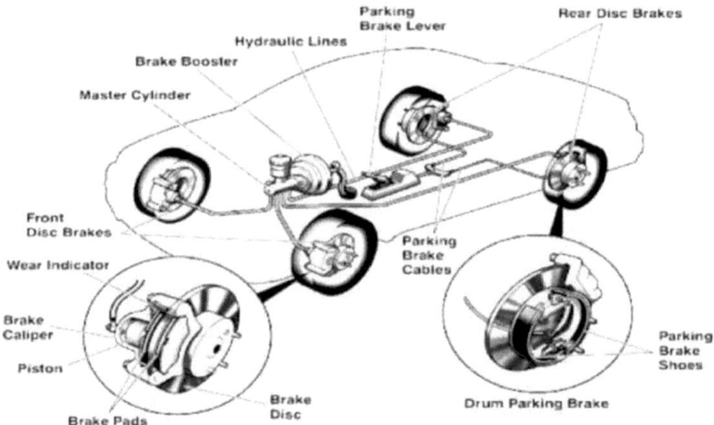

Fig. 3 Arranjo de travagem hidráulica.

O fluido dos travões é armazenado no cilindro principal, que é ativado quando o condutor pressiona o pedal do travão, como mostra a fig. 3. As condutas hidráulicas dos travões transportam a força exercida no pedal do travão para os cilindros das rodas ou pinças de travão em cada roda.

Quando se utilizam sistemas de travões de disco, a pressão hidráulica empurra o fluido dos travões para as pinças de travão, comprimindo as pastilhas de travão contra os discos de travão rotativos (rotores) com pistões. Isto cria fricção que desacelera o veículo. Nos sistemas de travões de tambor, os cilindros das rodas engatam os calços dos travões contra a superfície interior dos tambores dos travões, também através de pressão hidráulica. A fricção entre os calços de travão e o tambor abranda o automóvel. O sistema de travagem antibloqueio (ABS) é um componente vital dos modernos sistemas de travagem hidráulicos. O ABS evita o bloqueio das rodas durante uma travagem brusca, ajustando a pressão dos travões para cada roda. Ao detetar alterações na velocidade das rodas através de sensores, a unidade de controlo do ABS pode ajustar a pressão dos travões, permitindo ao condutor manter o controlo da direção durante a travagem.

Para que o sistema de travagem hidráulico funcione da forma mais segura e optimizada possível, é necessária uma manutenção regular. Esta inclui o controlo dos níveis do líquido de travões, a verificação do desgaste das pastilhas e dos rotores dos travões e a garantia de que os componentes do ABS estão a funcionar corretamente.

Vantagens:

- **Poder de paragem eficiente:** Os sistemas de travagem hidráulicos proporcionam um poder de paragem eficiente, permitindo que os veículos desacelerem e parem rapidamente, aumentando a segurança na estrada.
- **Reactivos:** Estes sistemas oferecem tempos de resposta rápidos, traduzindo quase instantaneamente a pressão do condutor no pedal do travão em força de travagem nas rodas.
- **Desempenho consistente:** Os travões hidráulicos proporcionam um desempenho de travagem consistente, mesmo sob várias condições de condução, tais como alterações de temperatura ou variações de carga.
- **Manutenção reduzida:** Em comparação com os sistemas de travagem mecânicos, os travões hidráulicos requerem geralmente menos manutenção, o que resulta em custos de manutenção mais baixos ao longo do tempo.
- **Design compacto:** Os componentes de travagem hidráulicos são frequentemente compactos e leves, contribuindo para a eficiência e desempenho globais do veículo.

Desvantagens:

- **Vulnerabilidade do fluido:** Os sistemas de travagem hidráulicos dependem do fluido dos travões para transmitir a força, o que os torna susceptíveis a problemas como fugas ou contaminação. As fugas de fluido de travões podem comprometer o desempenho e a segurança da travagem.
- **Acumulação de calor:** Uma travagem intensa pode levar à acumulação de calor no sistema de travagem, potencialmente

causando desvanecimento dos travões ou redução da eficiência da travagem durante uma utilização prolongada.

- **Complexidade:** Os sistemas de travagem hidráulicos podem ser complexos, exigindo conhecimentos especializados e equipamento para manutenção e reparação.
- **Potencial de vaporização do fluido:** Em condições extremas, como travagens fortes e prolongadas ou temperaturas ambiente elevadas, o fluido dos travões pode vaporizar, provocando o desvanecimento dos travões e a redução da eficácia da travagem.

Aplicações:

- **Indústria automóvel:** Os sistemas de travagem hidráulicos são amplamente utilizados em automóveis, desde veículos de passageiros a veículos comerciais e camiões pesados.
- **Aeroespacial:** Os sistemas de travagem hidráulicos são utilizados nos trens de aterragem das aeronaves para uma travagem eficaz durante a aterragem e a rolagem.
- **Marinha:** Os sistemas de travagem hidráulicos são utilizados em embarcações marítimas para controlar a velocidade e a paragem.
- **Maquinaria industrial:** Os sistemas de travagem hidráulicos encontram aplicações em várias máquinas e equipamentos industriais para desaceleração e paragem controladas.
- **Caminhos-de-ferro:** Os sistemas de travagem hidráulicos são utilizados em locomotivas e carruagens para travar e manter velocidades seguras nos caminhos-de-ferro.

1.3.2 Sistema de travão eletromagnético:

Como se mostra na figura 4, um sistema de travagem eletromagnético é um tipo de mecanismo de travagem que controla a força de travagem utilizando os princípios do eletromagnetismo. Ao contrário dos sistemas de travagem convencionais baseados na fricção, os travões electromagnéticos geram uma força de travagem sem que seja necessário qualquer contacto físico entre os componentes.

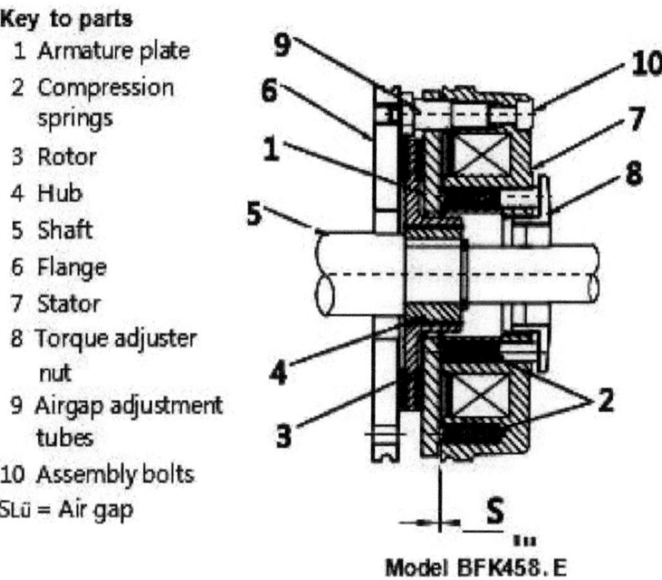

Fig. 4 Dispositivo de corte eletromagnético.

Num sistema de travão eletromagnético, existem normalmente dois elementos-chave: o estator e o rotor. O estator aloja uma bobina de fio que gera um campo magnético quando uma corrente eléctrica passa por ele. O rotor, ligado ao componente em movimento, reage ao campo magnético do estator, sendo atraído ou afastado do mesmo. Quando o travão eletromagnético é ativado, uma corrente eléctrica energiza a bobina do estator, formando um campo magnético. Dependendo da configuração do sistema de travagem, este campo atrai o rotor, levando à desaceleração, ou repele-o, permitindo uma rotação sem restrições.

A capacidade dos sistemas de travagem electromagnéticos para fornecer uma força de travagem precisa e controlada sem necessitar de contacto físico entre os componentes de travagem é uma das suas principais vantagens. Devido a esta capacidade, são perfeitos para aplicações como sistemas de automação, robótica e máquinas industriais onde é necessário um controlo preciso dos travões. Quando comparados com os sistemas de travagem baseados em fricção, os travões electromagnéticos também proporcionam uma fiabilidade superior, baixa necessidade de manutenção e tempos de reação rápidos. Podem lidar com aplicações que requerem binário e velocidade elevados, o que os qualifica para uma variedade de utilizações industriais e comerciais.

Vantagens:

- **Travagem suave:** Os travões electromagnéticos proporcionam uma ação de travagem suave e gradual, o que é particularmente útil em aplicações onde as paragens bruscas podem causar danos ou desconforto.
- **Funcionamento sem manutenção:** Uma vez que não existe contacto físico entre os componentes, os travões electromagnéticos sofrem um desgaste mínimo, o que leva a uma vida útil mais longa e a uma menor necessidade de manutenção.
- **Resposta rápida:** Oferecem tempos de resposta rápidos, permitindo um controlo preciso das acções de travagem, o que os torna adequados para aplicações em que é necessário parar ou desacelerar rapidamente.
- **Binário ajustável:** Os travões electromagnéticos podem muitas vezes ser facilmente ajustados para variar a quantidade de força de travagem aplicada, proporcionando flexibilidade para diferentes condições de funcionamento.
- **Funcionamento silencioso:** Em comparação com os travões mecânicos, os travões electromagnéticos funcionam silenciosamente, o que os torna adequados para ambientes sensíveis ao ruído.

Desvantagens:

- **Consumo de energia:** Os travões electromagnéticos requerem energia eléctrica contínua para manter a sua força de travagem, o que pode resultar num maior consumo de energia em comparação com outros sistemas de travagem, especialmente em aplicações em que os travões são accionados durante longos períodos.
- **Geração de calor:** Durante a travagem prolongada ou o funcionamento a alta velocidade, os travões electromagnéticos podem gerar calor significativo, o que pode exigir medidas de arrefecimento adicionais para evitar o sobreaquecimento e manter o desempenho.
- **Custo inicial:** O investimento inicial dos travões electromagnéticos pode ser mais elevado do que o dos travões mecânicos tradicionais, embora possa ser compensado por custos de manutenção mais baixos ao longo da vida útil do sistema de travagem.
- **Dependência eléctrica:** Os travões electromagnéticos dependem da energia eléctrica

para funcionar, pelo que quaisquer interrupções no fornecimento de energia podem levar à perda da capacidade de travagem, necessitando de sistemas de reserva ou de medidas de segurança.

Aplicações:

- **Maquinaria industrial:** Os travões electromagnéticos são amplamente utilizados em maquinaria industrial, como transportadores, gruas, guinchos e máquinas-ferramentas, onde o controlo preciso e a fiabilidade são cruciais.
- **Automóvel:** São utilizados em aplicações automóveis, particularmente em veículos híbridos e eléctricos para travagem regenerativa, que converte a energia cinética em energia eléctrica para recarregar as baterias.
- **Elevadores e escadas rolantes:** Os travões electromagnéticos são utilizados em sistemas de elevadores e escadas rolantes para uma paragem suave e controlada, garantindo a segurança e o conforto dos passageiros.
- **Turbinas eólicas:** Os travões electromagnéticos são utilizados em turbinas eólicas para regular a velocidade do rotor e evitar o excesso de velocidade em condições de vento forte.
- **Sistemas ferroviários:** São utilizados em sistemas ferroviários para a travagem e paragem de emergência de comboios, proporcionando segurança e controlo tanto em aplicações de passageiros como de mercadorias.

1.3.3 Sistema de travões pneumáticos:

Os travões de ar são um componente vital dos veículos pesados, como camiões e autocarros, fornecendo uma potência de travagem fiável através da utilização de ar comprimido. Ao contrário dos travões hidráulicos que se encontram na maioria dos automóveis, os travões de ar dependem da pressão pneumática para funcionar, o que os torna adequados para aplicações grandes e pesadas.

O sistema inclui vários componentes-chave, incluindo um compressor de ar, depósitos de armazenamento de ar, válvulas de travão, câmaras de travão e calços ou discos de travão.

O processo começa com o compressor de ar, que é normalmente acionado pelo motor do veículo. O compressor pressuriza o ar e armazena-o nos depósitos de ar a alta pressão, normalmente entre 100 e 125 psi.

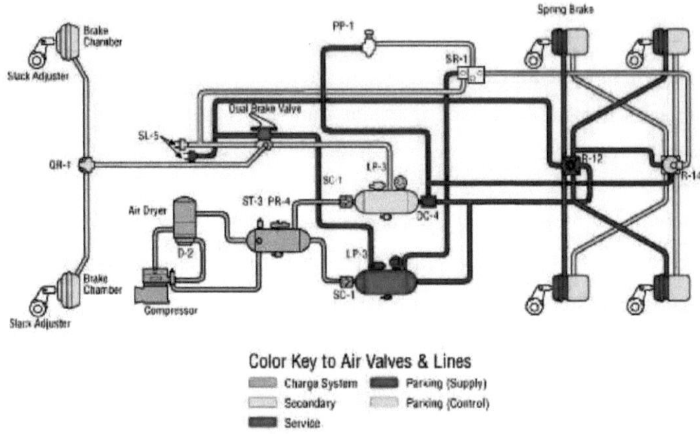

Fig. 5 Disposição do sistema de travagem de ar.

Quando o condutor carrega no pedal do travão, o ar comprimido é libertado dos depósitos de armazenamento. A pressão do ar é controlada por válvulas de travão, que incluem válvulas de pé e válvulas de relé. As câmaras de travão em cada roda convertem a pressão de ar recebida em força mecânica, o que faz com que os calços ou discos de travão entrem em contacto com a superfície rotativa e abrandem o veículo. Uma das principais vantagens dos travões de ar é o facto de serem à prova de falhas; no caso de haver uma perda de pressão de ar, como quando um compressor falha ou há uma fuga, os travões são automaticamente accionados para evitar que o veículo se mova incontrolavelmente. Os travões de ar são adequados para aplicações pesadas, oferecendo um desempenho de travagem consistente mesmo em condições exigentes.

Adicionalmente, um sistema de travagem de emergência é frequentemente incluído nos travões pneumáticos, acrescentando outro grau de segurança em circunstâncias terríveis. Quando necessário, este sistema de emergência utiliza um reservatório de ar e uma válvula separados para aplicar a maior quantidade de força de travagem, funcionando normalmente de forma independente do sistema de travagem principal. Em suma, os travões de ar são cruciais para manter a eficácia e a segurança dos grandes camiões, oferecendo uma força de travagem fiável para operações de transporte globais.

Vantagens:

- **Fiabilidade:** Os travões de ar são conhecidos pela sua fiabilidade, especialmente em aplicações pesadas. São menos propensos ao desvanecimento dos travões em comparação com os travões hidráulicos, o que os torna adequados para longas descidas ou travagens pesadas contínuas.
- **Segurança:** Os travões de ar incorporam um design à prova de falhas. Em caso de perda de pressão de ar, os travões engatam automaticamente, impedindo que o veículo se mova de forma descontrolada. Esta caraterística aumenta a segurança, particularmente em veículos grandes que transportam cargas pesadas.
- **Eficiência:** Os travões de ar oferecem um desempenho de travagem consistente, mesmo em condições exigentes. Podem suportar cargas pesadas e longos períodos de utilização sem degradação significativa do desempenho.
- **Arrefecimento:** Os travões pneumáticos dissipam o calor de forma mais eficaz do que os travões hidráulicos, reduzindo o risco de desvanecimento dos travões durante uma travagem prolongada ou intensa.

Desvantagens:

- **Complexidade:** Os sistemas de travões a ar são mais complexos do que os sistemas hidráulicos, exigindo componentes adicionais como compressores, depósitos de armazenamento e válvulas. Esta complexidade pode levar a uma maior

  custos de manutenção e reparação.
- **Tempo de resposta:** Os travões pneumáticos podem ter um tempo de resposta ligeiramente mais longo do que os travões hidráulicos, devido à necessidade de acumular pressão de ar no sistema antes de se poder travar.
- **Formação:** O funcionamento e a manutenção dos sistemas de travões de ar requerem formação e conhecimentos especializados. Os condutores e os técnicos têm de compreender as características únicas e os requisitos de manutenção dos travões de ar.

Aplicações:

- **Camiões comerciais:** Os travões de ar são amplamente utilizados em camiões comerciais e reboques devido à sua fiabilidade e capacidade de suportar cargas pesadas.

- **Autocarros:** Muitos autocarros, especialmente os maiores utilizados para transportes públicos ou viagens de longo curso, estão equipados com sistemas de travões pneumáticos por razões de segurança e desempenho.
- **Comboios ferroviários:** Os travões pneumáticos são o sistema de travagem padrão para os comboios ferroviários, proporcionando uma potência de travagem fiável em várias carruagens ou locomotivas.
- **Equipamento de construção pesada:** Os travões de ar são também utilizados em equipamento de construção pesada, como bulldozers e escavadoras, onde uma travagem fiável é essencial para a segurança e produtividade.

1.3.3 Sistema de travões de estacionamento e de emergência:

i. Travão de estacionamento:

Uma parte essencial do sistema de travagem de um automóvel é o travão de estacionamento, por vezes designado por travão de mão ou travão de emergência. O travão de estacionamento é normalmente um mecanismo mecânico que engata um conjunto diferente de maxilas ou calços de travão para imobilizar o automóvel, ao contrário dos travões primários, que dependem da pressão hidráulica para impedir que as rodas do veículo girem. Para o acionar, utiliza uma alavanca, um pedal ou um botão facilmente acessível ao condutor. Especialmente quando estacionado em superfícies irregulares ou inclinadas, o travão de estacionamento impede o carro de rolar, aplicando resistência às rodas. A fim de minimizar a possibilidade de acidentes ou danos, é imperativo que o travão de estacionamento seja utilizado corretamente para garantir que o automóvel permanece firmemente estacionado e para diminuir a pressão sobre a caixa de velocidades.

Vantagens:

- **Segurança:** O travão de estacionamento proporciona uma camada adicional de segurança ao estacionar em inclinações ou superfícies irregulares, reduzindo o risco de o veículo rolar.

- **Proteção da transmissão:** O acionamento do travão de estacionamento alivia a tensão sobre a lingueta de estacionamento da transmissão, prolongando a sua vida útil e evitando potenciais danos.
- **Utilização de emergência:** Em algumas situações, como uma fuga de fluido dos travões ou uma falha do sistema de travagem, o travão de estacionamento pode servir como mecanismo de travagem de reserva para parar o veículo.

Desvantagens:

- **Utilização excessiva:** A utilização incorrecta ou excessiva do travão de estacionamento, especialmente durante a condução, pode provocar o desgaste prematuro dos componentes dos travões e diminuir a eficiência da travagem.
- **Avaria:** Como qualquer sistema mecânico, o mecanismo do travão de estacionamento pode falhar devido ao desgaste, à corrosão ou à falta de manutenção, comprometendo a sua eficácia.
- **Funcionalidade limitada:** Embora seja adequado para estacionar, o travão de estacionamento pode não fornecer potência de travagem suficiente em situações de emergência, em comparação com o sistema de travagem principal.

Aplicação:

- **Estacionamento em declives:** O travão de estacionamento é especialmente útil quando estaciona em colinas ou declives, impedindo que o veículo role para baixo.
- **Veículos de transmissão manual:** Nos veículos de transmissão manual, o acionamento do travão de estacionamento quando estacionados impede que o veículo se mova se a transmissão for inadvertidamente engrenada.
- **Veículos com transmissão automática:** Mesmo em veículos com transmissões automáticas, recomenda-se a utilização do travão de estacionamento para reduzir a tensão na transmissão e garantir a estabilidade quando estacionado.

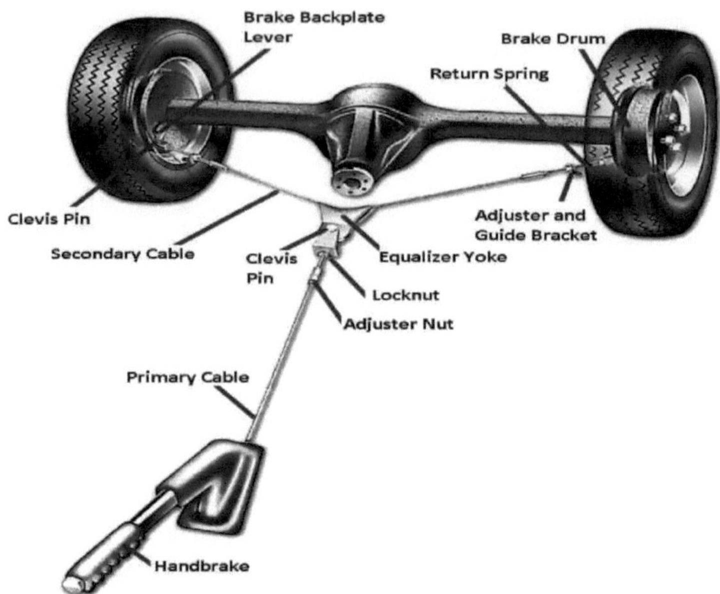

Fig. 6 Disposição do sistema de estacionamento e de travagem de emergência.

ii. Travão de emergência:

O travão de emergência, também designado por travão de mão ou travão eletrónico, funciona como travão de estacionamento e como precaução de segurança no caso de os travões falharem. Embora o travão de emergência e o travão de estacionamento tenham funções semelhantes, o travão de emergência é feito especialmente para dar mais força de travagem numa emergência. O travão de emergência, que pode ser utilizado puxando uma alavanca, carregando num botão ou aplicando pressão num pedal, acciona os travões traseiros separadamente do sistema de travagem principal do automóvel. O travão de emergência pode ser utilizado para parar progressivamente o veículo nos casos em que os travões principais falham ou se tornam inúteis, como por exemplo quando o sistema hidráulico falha ou o pedal do travão entra em colapso.

No entanto, requer formação adequada e deve ser utilizado judiciosamente para evitar derrapagens ou perda de controlo. A inspeção e manutenção regulares do sistema de travagem de emergência são essenciais para garantir a sua funcionalidade e fiabilidade quando mais necessário.

Vantagens:

- **Travagem de emergência:** O travão de emergência funciona como uma caraterística de segurança crucial em situações em que o sistema de travagem primário falha, proporcionando um meio de parar o veículo gradualmente.
- **Funcionalidade independente:** Ao contrário dos travões principais, que dependem da pressão hidráulica, o travão de emergência funciona de forma independente, reduzindo a dependência do sistema de travagem principal.
- **Controlo:** Aplicado corretamente, o travão de emergência permite ao condutor manter o controlo do veículo em situações de emergência, evitando potencialmente acidentes.

Desvantagens:

- **Eficácia limitada:** Embora eficaz em situações de emergência, o travão de emergência pode não proporcionar a mesma potência de travagem ou controlo que o sistema de travagem principal, especialmente a velocidades elevadas ou em condições adversas.
- **Necessidade de formação:** A utilização correcta do travão de emergência requer formação e prática para garantir que é aplicado corretamente sem causar derrapagem ou perda de controlo.
- **Danos potenciais:** A utilização incorrecta do travão de emergência, como força excessiva ou aplicação repentina, pode danificar os componentes do travão ou fazer com que o veículo se desvie inesperadamente.

Aplicação:

- **Falha do travão:** Em caso de falha do sistema de travagem, o travão de emergência pode ser utilizado para parar o veículo de forma controlada, minimizando o risco de acidentes.
- **Perda de pressão hidráulica:** Se houver uma perda de pressão hidráulica no sistema de travagem, por exemplo, devido a uma fuga ou avaria, o travão de emergência proporciona um meio alternativo de travagem.
- **Estacionamento em situações de emergência:** Em situações de emergência em que é necessária uma paragem imediata, tal como evitar uma colisão, o travão de emergência pode ser utilizado para complementar o sistema de travagem principal.

1.3.4 Sistema de travões de tambor:

Os travões de tambor funcionam com um mecanismo relativamente simples, mas eficaz, para abrandar ou parar o movimento de um veículo. Os componentes de um sistema de travões de tambor incluem um tambor cilíndrico ligado ao cubo da roda, maxilas de travão, cilindros de roda e várias molas e alavancas. Quando o pedal do travão é pressionado, a pressão hidráulica é transmitida através das linhas de travão para os cilindros das rodas localizados no interior do tambor. Os cilindros das rodas contêm pistões que são forçados para fora pela pressão hidráulica, fazendo com que os calços de travão se movam também para fora. Os calços dos travões são placas de metal curvas revestidas com material de fricção, normalmente feito de materiais sem amianto ou outros materiais compostos concebidos para resistir ao calor e à fricção.

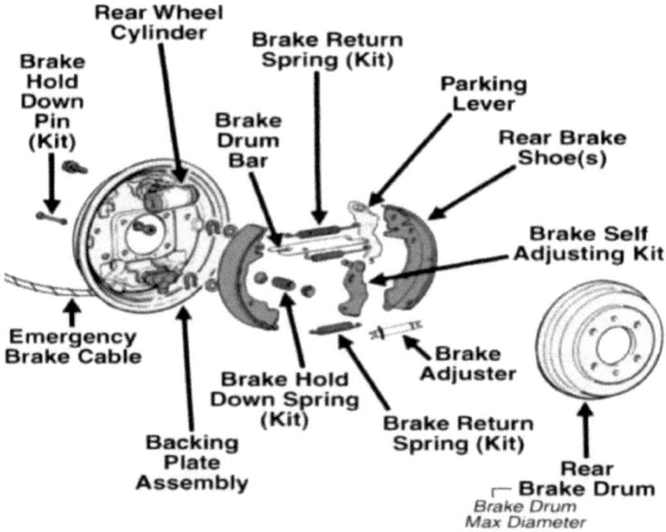

Fig. 7 Disposição do sistema de travagem do tambor.

À medida que os calços dos travões se movem para fora, pressionam contra a superfície interna do tambor, criando fricção entre o revestimento do travão e o tambor. Esta fricção gera resistência, abrandando a rotação do tambor e da roda ligada. A energia cinética do veículo em movimento é convertida em energia térmica através da fricção, dissipando o calor para o ar circundante. A conceção dos travões de tambor incorpora um mecanismo de auto-energização, em que a rotação do tambor durante a travagem ajuda a amplificar a força aplicada pelas maxilas de travão. Este efeito de auto-energização aumenta o desempenho da travagem sem a necessidade de pressão hidráulica excessiva.

Além disso, várias molas e alavancas no conjunto do travão de tambor ajudam a retrair os calços de travão assim que o pedal do travão é libertado, permitindo que as rodas voltem a rodar livremente. O ajuste adequado destes componentes é essencial para garantir um desempenho de travagem ótimo e a longevidade do sistema de travagem.

Vantagens:

- **Custo-eficácia:** Os travões de tambor são geralmente menos dispendiosos de fabricar e instalar em comparação com os travões de disco, o que os torna uma escolha preferida para veículos com restrições orçamentais.
- **Durabilidade:** O seu design simples e a sua construção robusta tornam os travões de tambor duráveis e capazes de resistir a condições adversas, tornando-os adequados para utilização em vários tipos de veículos e ambientes de condução.
- **Mecanismo de auto-energização:** Os travões de tambor dispõem de um mecanismo de auto-energização, em que a rotação do tambor durante a travagem ajuda a amplificar a força de travagem, proporcionando uma potência de travagem adicional sem exigir uma pressão hidráulica excessiva.

Desvantagens:

- **Dissipação de calor:** Os travões de tambor têm tendência a reter o calor, o que pode levar a uma redução do desempenho da travagem e a um potencial desvanecimento dos travões durante uma travagem prolongada ou pesada, uma vez que o calor se acumula dentro do tambor fechado.
- **Arrefecimento limitado:** A natureza fechada dos travões de tambor restringe o fluxo de ar e o arrefecimento, agravando ainda mais a acumulação de calor e reduzindo a eficácia geral da travagem, especialmente em condições exigentes.
- **Complexidade da manutenção:** Os travões de tambor podem necessitar de ajustes e manutenção mais frequentes em comparação com os travões de disco devido aos seus intrincados componentes internos, aumentando potencialmente os custos de manutenção e o tempo de inatividade.

Aplicações:

- **Sistemas de travões traseiros:** Os travões de tambor são normalmente utilizados nos sistemas de travagem traseiros de muitos veículos devido à sua rentabilidade, durabilidade e desempenho de travagem adequado às necessidades de travagem da roda traseira.
- **Veículos mais leves:** Os travões de tambor são frequentemente encontrados em veículos mais pequenos ou mais leves, tais como carros económicos ou motociclos, onde a sua relação custo-eficácia e design mais simples são suficientes para os requisitos de travagem.
- **Travões de estacionamento:** Os travões de tambor são frequentemente utilizados como travões de estacionamento em veículos devido à sua capacidade de manter o veículo firmemente no lugar, especialmente em inclinações ou superfícies irregulares.

1.3.5 Sistema de travões de disco:

Os travões de disco são um componente fundamental dos modernos sistemas de travagem automóvel, reconhecidos pela sua eficiência, fiabilidade e desempenho superior. Constituídos por vários componentes-chave, funcionam convertendo a energia cinética em energia térmica através da fricção para abrandar ou parar o movimento do veículo de forma eficaz.

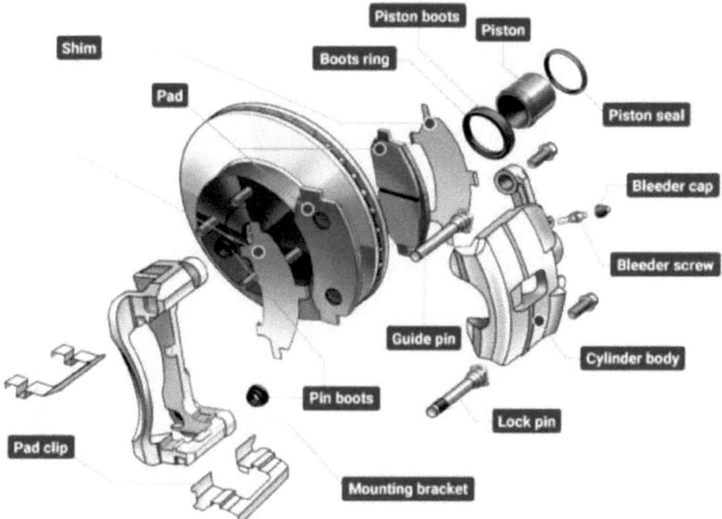

Fig. 8 Disposição do sistema de travagem de discos.

Os componentes principais de um sistema de travões de disco incluem o rotor, a pinça de travão, as pastilhas de travão e as linhas de travão. O rotor, também conhecido como disco de travão, é um disco de metal plano e circular ligado ao cubo da roda. Quando os travões são aplicados, a pressão hidráulica das linhas de travão força a pinça de travão, montada sobre o rotor, a comprimir as pastilhas de travão contra a superfície do rotor. Estas pastilhas de travão, normalmente revestidas com material de fricção, criam fricção contra o rotor, o que abranda a rotação da roda.

Uma das vantagens significativas dos travões de disco é o seu desempenho superior em comparação com os tradicionais travões de tambor. Os travões de disco oferecem distâncias de paragem mais curtas, melhor capacidade de resposta e uma travagem mais consistente, particularmente em aplicações de alta velocidade ou de serviço pesado. Além disso, os travões de disco dissipam o calor de forma mais eficaz do que os travões de tambor, reduzindo o risco de desvanecimento dos travões e mantendo a eficiência da travagem mesmo em travagens prolongadas ou intensas. Outra vantagem dos travões de disco são os seus requisitos de manutenção relativamente baixos. As pastilhas de travão são mais fáceis e mais rápidas de substituir do que as maxilas dos travões de tambor, o que leva a uma redução dos custos de manutenção e do tempo de inatividade.

Os travões de disco são uma caraterística de segurança fundamental nos veículos modernos, contribuindo significativamente para a segurança geral do veículo e para a confiança do condutor. A sua eficácia, fiabilidade e desempenho consistente fazem deles a escolha preferida dos fabricantes de veículos e condutores em várias aplicações automóveis, desde automóveis de passageiros a camiões comerciais e carros desportivos de alto desempenho.

Vantagens:

- **Desempenho superior:** Os travões de disco oferecem distâncias de paragem mais curtas, melhor capacidade de resposta e uma travagem mais consistente em comparação com os travões de tambor, especialmente em aplicações de alta velocidade ou de serviço pesado.
- **Dissipação de calor:** Os travões de disco dissipam o calor de forma mais eficaz do que os travões de tambor, reduzindo o risco de desvanecimento dos travões e mantendo a eficiência da travagem mesmo em travagens prolongadas ou intensas.
- **Manutenção reduzida:** Os travões de disco requerem geralmente menos manutenção do que os travões de tambor, sendo as pastilhas de travão mais fáceis e mais rápidas de substituir quando estão gastas. Isto leva a uma redução dos custos de manutenção e do tempo de inatividade.
- **Auto-limpeza:** A conceção dos travões de disco permite uma ação de auto-limpeza à medida que o rotor roda, evitando a acumulação de detritos e melhorando o desempenho da travagem.
- **Compatibilidade com os sistemas ABS e ESP:** Os travões de disco integram-se perfeitamente nos sistemas de travagem anti-bloqueio (ABS) e no controlo eletrónico de estabilidade (ESP), aumentando a segurança e a estabilidade do veículo durante a travagem e as manobras.

Desvantagens:

- **Custo:** Os travões de disco tendem a ser mais caros de fabricar e instalar do que os travões de tambor, aumentando o custo inicial dos veículos equipados com sistemas de travões de disco.
- **Vulnerabilidade à corrosão:** Os rotores dos travões de disco são susceptíveis à corrosão, especialmente em regiões com climas rigorosos ou exposição frequente à

humidade, o que pode comprometer o desempenho e a longevidade da travagem.

- **Ruído e vibração:** Os travões de disco podem produzir ruído ou vibração em determinadas condições, como velocidades elevadas ou travagens fortes, embora os avanços nos materiais das pastilhas de travão e nos designs dos rotores tenham atenuado este problema em certa medida.

Aplicações:

- **Indústria automóvel:** Os travões de disco são amplamente utilizados em automóveis de passageiros, veículos comerciais e veículos de alto desempenho devido ao seu desempenho superior, fiabilidade e segurança.
- **Motociclos:** Muitos motociclos estão equipados com travões de disco à frente e atrás

  rodas para proporcionar uma travagem eficaz e aumentar a segurança do condutor.
- **Aeronaves:** Os travões de disco são utilizados nos sistemas de trem de aterragem das aeronaves para proporcionar uma travagem eficaz durante as operações de aterragem e de rolagem.
- **Maquinaria industrial:** Os travões de disco são utilizados em várias aplicações industriais, tais como gruas, guinchos e sistemas de transporte, onde uma travagem fiável é essencial para a segurança e eficiência operacional.

1.3.6 Sistema de travagem regenerativo:

A travagem regenerativa é uma tecnologia inovadora utilizada em veículos híbridos e eléctricos para recuperar e reutilizar a energia cinética durante a travagem. Funciona através da conversão da energia cinética do veículo em energia eléctrica, que pode ser armazenada numa bateria ou condensador para utilização posterior, melhorando assim a eficiência energética global e aumentando a autonomia de condução. Durante a travagem regenerativa, quando o condutor trava, o motor ou gerador elétrico da unidade de tração do veículo funciona como um gerador, convertendo a energia de rotação das rodas em energia eléctrica. Esta energia eléctrica é então devolvida à bateria do veículo ou ao sistema de armazenamento, onde é armazenada para utilização futura. Ao aproveitar esta energia que de outra forma seria desperdiçada, a travagem regenerativa ajuda a reduzir a dependência da fonte de energia primária do veículo (como a gasolina ou o gasóleo) e melhora a eficiência do combustível nos veículos híbridos ou aumenta a autonomia nos veículos eléctricos.

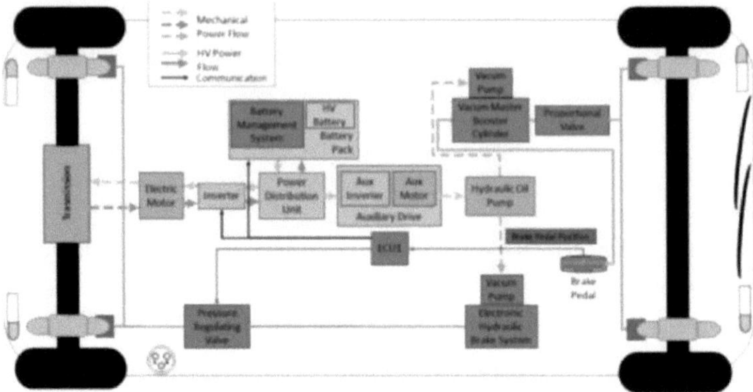

Fig. 9 Disposição do sistema de travagem regenerativo.

Os sistemas de travagem regenerativa funcionam normalmente em conjunto com os travões de fricção tradicionais para proporcionar um desempenho de travagem suave e eficaz. Quando é necessária uma força de travagem adicional para além do que a travagem regenerativa pode proporcionar, os travões de fricção do veículo são accionados para parar completamente o veículo. Esta abordagem de travagem híbrida assegura um desempenho de travagem ótimo, maximizando a recuperação de energia. A aplicação da travagem regenerativa não se limita aos automóveis; é também utilizada noutros meios de transporte, como comboios eléctricos e bicicletas, bem como em máquinas e equipamentos industriais. Globalmente, a travagem regenerativa desempenha um papel crucial no aumento da eficiência e sustentabilidade dos sistemas de transporte, reduzindo o consumo de energia, diminuindo as emissões e melhorando o desempenho ambiental global.

Vantagens:

- **Eficiência energética:** A travagem regenerativa permite que os veículos recuperem a energia cinética que, de outra forma, se perderia sob a forma de calor durante a travagem. Esta energia recuperada é então armazenada e reutilizada, melhorando a eficiência energética global e reduzindo a dependência da fonte de energia primária do veículo.
- **Maior autonomia:** Ao aproveitar e armazenar a energia durante a travagem, os sistemas de travagem regenerativa podem aumentar a autonomia dos veículos

eléctricos, reduzindo a necessidade de recargas frequentes e aumentando a sua praticidade na utilização diária.

- **Redução do desgaste dos travões:** Os sistemas de travagem regenerativa reduzem a dependência dos travões de fricção tradicionais, conduzindo a um menor desgaste dos componentes dos travões, como as pastilhas e os rotores. Isto pode resultar numa vida útil mais longa dos travões e na redução dos custos de manutenção ao longo da vida útil do veículo.
- **Experiência de condução melhorada:** A travagem regenerativa pode proporcionar uma travagem mais suave e mais controlada em comparação com os sistemas de travagem tradicionais, contribuindo para uma experiência de condução mais confortável e agradável para os ocupantes do veículo.

Desvantagens:

- **Eficácia limitada a baixas velocidades:** Os sistemas de travagem regenerativa são menos eficazes a velocidades mais baixas, onde há menos energia cinética disponível para ser recuperada. Nestas situações, os travões de fricção tradicionais podem ter de ser utilizados com maior frequência.
- **Custo:** A implementação da tecnologia de travagem regenerativa pode aumentar o custo inicial dos veículos híbridos e eléctricos, tornando-os potencialmente mais caros para os consumidores em comparação com os veículos com sistemas de travagem tradicionais.
- **Complexidade:** Os sistemas de travagem regenerativa são mais complexos do que os sistemas de travagem tradicionais, exigindo sistemas de controlo eletrónico sofisticados e componentes adicionais, como motores ou geradores eléctricos. Esta complexidade pode levar a um aumento dos custos de manutenção e reparação.

Aplicações:

- **Veículos híbridos e eléctricos:** A travagem regenerativa é uma caraterística essencial dos veículos híbridos e eléctricos, contribuindo para melhorar a eficiência energética, aumentar a autonomia de condução e reduzir as emissões.
- **Comboios eléctricos e sistemas de transporte de massas:** A travagem regenerativa é habitualmente utilizada em comboios eléctricos e sistemas de transporte coletivo de passageiros para recuperar energia durante a travagem e reduzir o consumo global de energia.

- **Máquinas e equipamentos industriais:** A tecnologia de travagem regenerativa também é utilizada em várias aplicações industriais, como gruas, elevadores e escadas rolantes, onde ajuda a melhorar a eficiência energética e a reduzir os custos operacionais.

1.3.7 Sistema de travões anti-bloqueio (ABS):

O sistema de travagem antibloqueio (ABS) é uma caraterística de segurança crucial integrada nos veículos modernos para evitar que as rodas bloqueiem durante a travagem, assegurando um melhor controlo e estabilidade, especialmente em situações de emergência. O ABS funciona através da modulação da pressão de travagem para cada roda de forma independente, permitindo ao condutor manter o controlo da direção durante a travagem, mesmo em superfícies escorregadias. O ABS é composto por vários componentes-chave, incluindo sensores de velocidade, uma unidade de controlo hidráulico (HCU), válvulas e uma unidade de controlo eletrónico (ECU). Os sensores de velocidade monitorizam a velocidade de rotação de cada roda, detectando quaisquer desvios que possam indicar o bloqueio da roda. A ECU processa estes dados e comanda a HCU para ajustar a pressão dos travões em conformidade, enquanto as válvulas nas linhas de travagem regulam a pressão hidráulica para evitar o bloqueio das rodas.

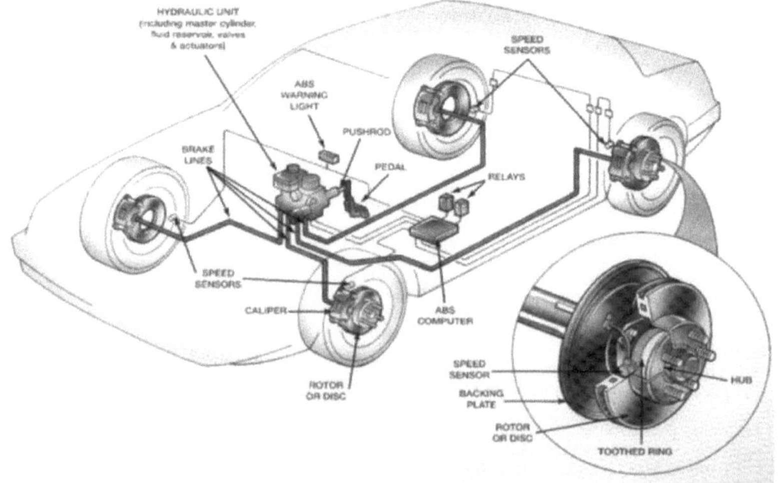

Fig. 10 Disposição do sistema de travagem anti-bloqueio (ABS).

Durante a travagem, se o sistema ABS detetar um bloqueio iminente das rodas, intervém modulando rapidamente a pressão de travagem para as rodas afectadas. Isto evita que as rodas bloqueiem totalmente, permitindo-lhes manter a tração na superfície da estrada. Como resultado, o condutor pode dirigir e manobrar o veículo de forma eficaz, reduzindo o risco de derrapagem ou perda de controlo. As vantagens do ABS incluem maior controlo e estabilidade durante a travagem, distâncias de travagem mais curtas, especialmente em superfícies escorregadias, e maior segurança geral na estrada. O ABS é agora uma caraterística de série na maioria dos veículos modernos, incluindo automóveis, camiões e motociclos, contribuindo significativamente para a redução dos acidentes causados pela perda de controlo do veículo durante a travagem. A sua adoção generalizada sublinha a sua importância no reforço da segurança rodoviária e da confiança dos condutores.

Vantagens :

- **Controlo melhorado:** O ABS permite que os condutores mantenham o controlo da direção e a capacidade de manobra durante a travagem de emergência, evitando o bloqueio das rodas e reduzindo o risco de derrapagem e perda de controlo.
- **Distâncias de travagem mais curtas:** Ao evitar o bloqueio das rodas, o ABS reduz as distâncias de paragem, especialmente em superfícies escorregadias, como estradas molhadas ou com gelo, melhorando a eficácia geral da travagem.
- **Segurança melhorada:** O ABS ajuda a reduzir o risco de acidentes, melhorando a estabilidade e a eficácia da travagem, especialmente em condições de condução adversas, contribuindo para a segurança rodoviária geral.
- **Maior confiança do condutor:** O facto de saber que o sistema de travagem do veículo está equipado com ABS proporciona confiança e tranquilidade aos condutores, especialmente em situações de travagem de emergência.

Desvantagens :

- **Aumento do custo:** Os veículos equipados com ABS tendem a ser mais caros devido aos componentes e tecnologia adicionais necessários, aumentando potencialmente o custo inicial para os consumidores.
- **Manutenção complexa:** Os sistemas ABS são mais complexos do que os sistemas de travagem tradicionais, exigindo ferramentas de diagnóstico especializadas e conhecimentos especializados para a manutenção e reparação, o que pode levar a

custos de manutenção mais elevados.

- **Eficácia limitada em determinadas superfícies:** Embora seja altamente eficaz na maioria das superfícies de estrada, o ABS pode ser menos eficaz em superfícies soltas ou de gravilha, onde é menos provável que ocorra o bloqueio das rodas, reduzindo potencialmente o desempenho da travagem.
- **Dependência de um funcionamento correto:** O ABS depende do bom funcionamento de todos os seus componentes, incluindo sensores, válvulas e unidades de controlo, que podem ser susceptíveis de falha ou mau funcionamento, exigindo inspeção e manutenção regulares.

Aplicações :

- **Veículos de passageiros:** O ABS é uma caraterística de segurança de série na maioria dos veículos de passageiros modernos, proporcionando um melhor desempenho de travagem e estabilidade para a condução diária.
- **Veículos comerciais:** O ABS também é normalmente utilizado em veículos comerciais, como camiões e autocarros, onde manter o controlo durante a travagem de emergência é crucial para a segurança.
- **Motociclos:** Muitos motociclos estão equipados com ABS para evitar o bloqueio das rodas e a derrapagem durante uma travagem brusca, melhorando a segurança e o controlo do condutor.
- **Veículos todo-o-terreno:** A tecnologia ABS está a ser cada vez mais adaptada para utilização em veículos todo-o-terreno para melhorar o desempenho da travagem em terrenos difíceis, mantendo a tração e o controlo.

Capítulo 2: Material do calço

2.1 Introdução

Para garantir a segurança e o desempenho, os materiais das pastilhas de travão são peças essenciais do complexo mecanismo do sistema de travagem de um automóvel. As pastilhas de travão são inseridas nas pinças de travão em determinados locais e são feitas de materiais de fricção, tais como cerâmica, semi-metálicos ou compostos orgânicos. Estes materiais proporcionam fricção contra os discos de travão rotativos quando o condutor acciona os travões, o que ajuda o veículo a desacelerar, transformando a energia cinética da tração em energia térmica.

A durabilidade, a experiência geral de condução e a eficiência da travagem são grandemente afectadas pela escolha do material das pastilhas de travão. As pastilhas de travão cerâmicas são utilizadas em automóveis de alto desempenho devido à sua longevidade e baixos níveis de ruído. As pastilhas de travão semi-metálicas são apropriadas para uma variedade de situações de condução, uma vez que oferecem uma melhor dissipação de calor devido à sua combinação de elementos metálicos e orgânicos. O toque mais suave e o funcionamento mais silencioso das pastilhas de travão orgânicas compostas por materiais não metálicos fazem delas uma escolha popular para os discos de travagem.

A fim de proporcionar uma desaceleração eficiente e rápida, a capacidade do sistema de travagem para produzir fricção adequada é diretamente afetada pela qualidade e composição dos materiais das pastilhas de travão. A manutenção do desempenho máximo, a segurança e a prevenção do desgaste excessivo de outros componentes do sistema de travagem dependem de um exame e reparação de rotina dos materiais que constituem as pastilhas de travão. Os materiais das pastilhas de travão estão sempre a mudar à medida que a tecnologia automóvel progride, num esforço para aumentar a economia dos automóveis contemporâneos, reduzir os níveis de ruído e a segurança geral.

2.2 Compósito

Um compósito é um material criado pela fusão de duas ou mais substâncias diferentes para produzir um novo material com qualidades melhoradas e frequentemente sinérgicas.

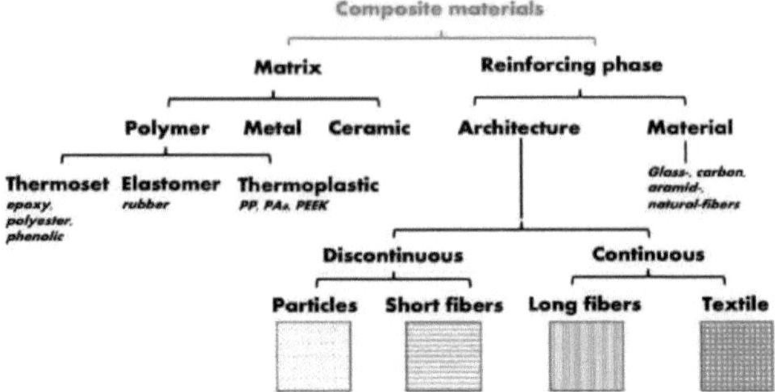

Fig.11 Classificação dos materiais compósitos

O produto final, referido como um material compósito, tem propriedades únicas de cada uma das suas partes constituintes. Num esforço para ultrapassar os constrangimentos dos materiais individuais, os compósitos são feitos para maximizar as qualidades especiais de cada material componente.

Na maioria dos materiais compósitos, existem dois componentes principais: a matriz e o reforço. A matriz serve como a fase contínua que envolve e liga o material de reforço. Fornece suporte e ajuda a distribuir as cargas dentro do compósito. O reforço, por outro lado, acrescenta resistência, rigidez e outras propriedades desejáveis ao material. Os tipos comuns de reforços incluem fibras, partículas ou outros elementos estruturais.

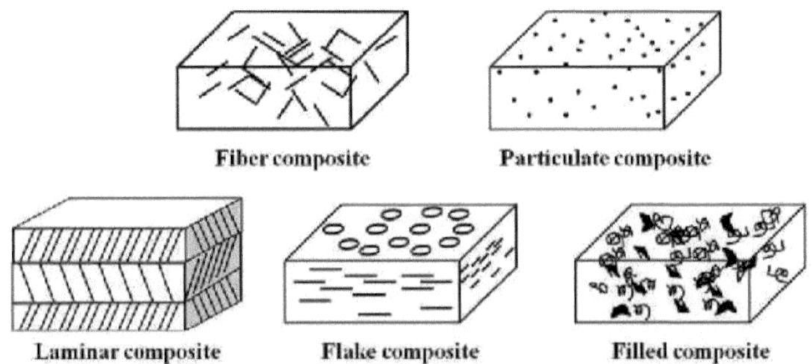

Fig. 12 Tipos de materiais compósitos

Os compósitos reforçados com fibras são amplamente utilizados e consistem normalmente em fibras de aramida, carbono ou fibra de vidro inseridas numa matriz feita de polímeros, metais ou cerâmica. As qualidades do compósito são determinadas pela mistura particular de reforço e matriz, o que o torna uma opção adaptável a uma série de aplicações. Uma caraterística proeminente dos materiais compósitos é a sua capacidade de fornecer rácios de resistência/peso melhorados em comparação com os materiais convencionais. Devido a esta vantagem, os materiais compósitos são úteis em sectores como o fabrico de equipamento desportivo, automóvel e aeronáutico, onde são essenciais materiais fortes e leves. Por exemplo, os materiais compósitos são amplamente utilizados no sector aeroespacial para reduzir o peso e melhorar a economia de combustível em componentes de aeronaves sem sacrificar a integridade estrutural.

Os compósitos proporcionam frequentemente benefícios para além das suas qualidades mecânicas, tais como flexibilidade na conceção, resistência à corrosão e isolamento térmico. Ao alterar a composição e a orientação do reforço, estes materiais podem ser adaptados às necessidades individuais, abrindo uma vasta gama de utilizações em muitos sectores. Em suma, os compósitos são um tipo de materiais que combinam as melhores qualidades de vários constituintes para produzir materiais com qualidades excepcionais. Os compósitos são um pilar em muitos sectores devido à sua resistência, flexibilidade e adaptabilidade. Isto levou à inovação e a avanços em áreas onde a necessidade de materiais de alto desempenho é crítica.

2.3 Tipos de materiais de almofadas de proteção:

Os materiais compósitos utilizados nas pastilhas de travão consistem normalmente numa mistura de vários ingredientes para obter as características de desempenho desejadas. A composição específica pode variar entre fabricantes, mas os tipos comuns de materiais compósitos utilizados nas pastilhas de travão incluem:

A. Compósitos orgânicos (não metálicos)

B. Compósitos semi-metálicos

C. Compósitos de baixo teor de metal (sem amianto orgânico)

D. Compósitos cerâmicos

E. Compósitos de carbono-cerâmica

2.3.1 Compósitos orgânicos (não metálicos)

As pastilhas de travão orgânicas, ou não metálicas, são um tipo de material composto normalmente utilizado no fabrico de pastilhas de travão. Estas pastilhas são compostas por uma mistura de ingredientes orgânicos, proporcionando características específicas que se adaptam a determinadas condições e preferências de condução. Eis os principais aspectos das pastilhas de travão orgânicas:

Ingredientes:

i. **Fibras orgânicas:** Materiais como o vidro, a borracha e as fibras de aramida (por exemplo, Kevlar) são normalmente utilizados em formulações de pastilhas de travão orgânicas. Estas fibras proporcionam resistência e estabilidade à pastilha de travão.

ii. **Enchimentos:** São utilizadas várias cargas e resinas orgânicas para unir as fibras e formar uma estrutura coesa. Estes podem incluir materiais como resinas fenólicas.

Características:

i. **Funcionamento suave e silencioso:** As pastilhas de travão orgânicas são conhecidas por proporcionarem um desempenho de travagem suave e silencioso. São frequentemente escolhidas pela sua capacidade de proporcionar uma experiência de condução confortável e sem ruído.

ii. **Redução do ruído e da vibração:** A composição orgânica ajuda a amortecer o ruído e a reduzir as vibrações durante a travagem, contribuindo para um funcionamento mais silencioso.

iii. **Baixa produção de pó:** Em comparação com alguns outros tipos de pastilhas de travão, as pastilhas orgânicas produzem normalmente menos pó de travão. Isto pode contribuir para rodas mais limpas e menos esforço de manutenção.

Vantagens:

i. **Experiência de condução confortável:** As pastilhas de travão orgânicas são favorecidas pela sua capacidade de proporcionar uma experiência de condução suave e confortável, tornando-as adequadas para as deslocações diárias.

ii. **Menor desgaste dos rotores dos travões:** As pastilhas orgânicas são frequentemente menos abrasivas do que algumas formulações metálicas, levando a um menor desgaste dos rotores dos travões. Isto pode contribuir para uma vida útil mais longa do rotor.

Considerações:

i. **Taxa de desgaste**: Embora as pastilhas de travão orgânicas ofereçam uma experiência confortável e silenciosa, podem desgastar-se mais rapidamente do que outros materiais, especialmente em condições de trabalho pesado ou de alta temperatura.

ii. **Desempenho sob tensão elevada:** As pastilhas orgânicas podem não ter um desempenho tão bom como outros materiais em condições de elevada tensão, como condução agressiva ou cargas pesadas.

Aplicações:

i. **Deslocações diárias:** As pastilhas de travão orgânicas são normalmente utilizadas em veículos utilizados para deslocações diárias, onde se dá prioridade ao funcionamento suave e ao baixo ruído.

ii. **Condições de condução ligeiras a moderadas:** São adequados para condições de condução ligeiras a moderadas, em que o sistema de travagem não está sujeito a um esforço extremo.

Em resumo, o funcionamento suave e silencioso e a reduzida produção de pó das pastilhas de travão orgânicas (não metálicas) tornam-nas valiosas. São frequentemente utilizadas em situações de condução normal, quando a redução do ruído e o conforto são as principais preocupações. Ao escolherem as pastilhas de travão para as suas necessidades específicas, os condutores devem ter em conta o compromisso em termos de taxa de desgaste e desempenho em cenários de elevado stress.

2.3.1.1 Fibras orgânicas de compósitos orgânicos (não metálicos) utilizados no fabrico de pastilhas de travão

As fibras orgânicas são um componente chave dos compósitos orgânicos (não metálicos) das pastilhas de travão, contribuindo para a estrutura geral, resistência e desempenho das pastilhas de travão. Aqui estão alguns tipos comuns de fibras orgânicas utilizadas no fabrico de pastilhas de travão orgânicas:

i. Fibras de vidro:

Composição: As fibras de vidro são feitas de finos fios de vidro. São frequentemente utilizadas em formulações de pastilhas de travão para melhorar a integridade estrutural e a resistência ao calor do material compósito.

Função: As fibras de vidro reforçam a pastilha de travão, melhorando a sua durabilidade e impedindo que o material se desfaça sob o calor gerado durante a travagem.

ii. Fibras de borracha:

Composição: As fibras de borracha são derivadas de materiais de borracha natural ou sintética. A borracha tem propriedades elásticas que podem aumentar a flexibilidade do material da pastilha de travão.

Função: As fibras de borracha contribuem para a flexibilidade geral da pastilha de travão, permitindo-lhe adaptar-se à forma do rotor e promover uma travagem mais suave. A elasticidade também ajuda a reduzir o ruído e as vibrações.

iii. Fibras de aramida (por exemplo, Kevlar):

Composição: As fibras de aramida, como as utilizadas na marca Kevlar, são fibras sintéticas conhecidas pela sua elevada relação resistência/peso. São resistentes ao calor e têm uma excelente resistência à tração.

Função: As fibras de aramida acrescentam força e resistência ao calor ao material das pastilhas de travão. São particularmente eficazes em aplicações de alto desempenho em que o sistema de travagem pode sofrer temperaturas elevadas.

iv. Outras fibras orgânicas:

Composição: Podem ser utilizadas várias outras fibras orgânicas nas formulações das pastilhas de travão, dependendo das preferências do fabricante e das características de desempenho desejadas. Estas podem incluir o algodão, a juta ou outras fibras naturais ou sintéticas.

Função: Estas fibras contribuem para a composição global da pastilha de travão, proporcionando um equilíbrio entre resistência, flexibilidade e estabilidade térmica.

A combinação destas fibras orgânicas com resinas de ligação forma um material composto que é moldado na forma de uma pastilha de travão. A formulação específica do material compósito é frequentemente propriedade de cada fabricante de pastilhas de travão, permitindo-lhes adaptar as características de desempenho das pastilhas de travão para satisfazer os requisitos de diferentes veículos e condições de condução. É importante notar que, embora as fibras orgânicas ofereçam vantagens como a redução do ruído e da vibração, podem ter desvantagens em termos de taxa de desgaste, especialmente em condições de elevada tensão.

2.3.2 Compósitos semi-metálicos

As pastilhas de travão semi-metálicas são um tipo de material composto normalmente utilizado no fabrico de pastilhas de travão. Estas pastilhas são formuladas com uma mistura de materiais orgânicos e metálicos para obter um equilíbrio das características de desempenho. Eis os principais aspectos das pastilhas de travão semi-metálicas:

Ingredientes:

i. **Materiais orgânicos:** Estes podem incluir materiais como borracha, fibras de vidro e outros compostos orgânicos. Os materiais orgânicos contribuem para a flexibilidade global e para as características de amortecimento do ruído da pastilha de travão.

ii. **Fibras ou partículas metálicas:** Os elementos metálicos comuns utilizados nas pastilhas de travão semi-metálicas incluem aço, ferro, cobre ou outras ligas. Estes componentes metálicos proporcionam uma melhor dissipação de calor, durabilidade e um melhor desempenho em condições de elevada tensão.

Características:

i. **Dissipação de calor melhorada:** A presença de componentes metálicos, como o aço ou o cobre, melhora a capacidade de dissipação de calor das pastilhas de travão semi-metálicas. Isto é crucial para manter o desempenho da travagem em condições de alta temperatura.

ii. **Durabilidade:** A inclusão de fibras metálicas melhora a durabilidade global e a resistência ao desgaste das pastilhas de travão semi-metálicas, tornando-as adequadas para uma série de condições de condução.

iii. **Desempenho sob stress:** As pastilhas de travão semi-metálicas são muitas vezes escolhidas pela sua capacidade de funcionar bem sob cargas pesadas ou condições de elevado stress, como reboque ou condução agressiva.

Vantagens:

i. **Versatilidade:** As pastilhas de travão semi-metálicas oferecem versatilidade e são adequadas para uma vasta gama de condições de condução. São habitualmente utilizadas em vários tipos de veículos, desde os automóveis de uso diário até aos camiões e SUV.

ii. **Durabilidade:** O conteúdo metálico contribui para a durabilidade das pastilhas de travão semi-metálicas, tornando-as a escolha preferida dos condutores que procuram uma longa duração das pastilhas.

Considerações:

i. **Ruído e vibração:** Embora as pastilhas de travão semi-metálicas sejam geralmente duráveis e tenham um bom desempenho sob tensão, podem produzir mais ruído e vibração em comparação com certas formulações não metálicas. Os fabricantes incorporam frequentemente calços e outras características para atenuar o ruído.

ii. **Produção de pó:** As pastilhas de travão semi-metálicas podem produzir mais pó de travão em comparação com certas opções não-metálicas e cerâmicas. No entanto, os avanços nas formulações têm como objetivo minimizar a produção de pó.

Aplicações:

i. **Vasta gama de veículos:** As pastilhas de travão semi-metálicas são normalmente utilizadas numa vasta gama de veículos, incluindo automóveis de passageiros, camiões e SUVs.

ii. **Aplicações de desempenho:** São adequados para condições de condução orientadas para o desempenho, em que o sistema de travagem está sujeito a um aumento do calor e do stress.

2.3.3 Compósitos NAO (orgânicos sem amianto) de baixo teor metálico

Os compósitos orgânicos sem amianto de baixa metalização (NAO) são um tipo de material de fricção amplamente utilizado no fabrico de pastilhas de travão. Estes materiais proporcionam um equilíbrio eficaz entre desempenho, custo e considerações ambientais. Aqui está uma visão geral dos principais aspectos relacionados com os compósitos NAO de baixo teor metálico para o fabrico de pastilhas de travão:

Composição:

i. **Componentes orgânicos:** As pastilhas de travão NAO de baixo teor metálico contêm materiais orgânicos, tais como resinas de alta temperatura, fibras (como aramida, vidro ou outros materiais de reforço) e cargas.

ii. **Baixo teor de metal:** Ao contrário das pastilhas de travão semi-metálicas, as pastilhas NAO de baixo teor metálico têm um teor de metal mais baixo. Isto torna-as menos abrasivas, resultando num menor desgaste dos rotores dos travões.

Características e vantagens:

i. **Redução do ruído e da poeira:** Os compostos NAO pouco metálicos produzem geralmente menos ruído e poeira nos travões em comparação com as formulações semi-metálicas, contribuindo para um sistema de travagem mais silencioso e limpo.

ii. **Desempenho de travagem suave:** Estas pastilhas de travão proporcionam um desempenho de travagem suave e consistente, oferecendo uma boa sensação e modulação do pedal.

iii. **Menor condutividade térmica:** O menor teor de metal significa menor condutividade térmica, reduzindo a transferência de calor para o sistema de travagem. Isto pode ser benéfico para evitar temperaturas excessivas do rotor.

iv. **Relação custo-eficácia:** As pastilhas de travão NAO de baixo teor metálico são frequentemente mais económicas do que algumas alternativas de alto desempenho, o que as torna uma escolha popular para muitas aplicações de condução diária.

Aplicações:

i. **Veículos de passageiros:** Estas pastilhas de travão são normalmente utilizadas em veículos de passageiros, onde o equilíbrio entre desempenho, redução do ruído e custo é crucial.

ii. **Camiões ligeiros e SUVs:** Devido às suas características de desempenho versáteis, as pastilhas de travão NAO de baixo teor metálico são adequadas para camiões ligeiros e SUVs.

iii. **Condução urbana e na cidade:** O funcionamento suave e silencioso torna-os bem adaptados às condições de trânsito de pára-arranca comuns na condução urbana.

Considerações:

i. Compensações de desempenho: Embora as pastilhas de travão NAO de baixo teor metálico ofereçam um bom desempenho global, podem não proporcionar o mesmo nível de desempenho a altas temperaturas que algumas formulações semi-metálicas ou cerâmicas.

ii. Desgaste do rotor: O teor reduzido de metal pode levar a um menor desgaste dos rotores dos travões, mas é essencial equilibrar este aspeto com o desempenho e a durabilidade globais do sistema de travagem.

Impacto ambiental:

i. Sem amianto: As pastilhas de travão NAO não contêm amianto, o que resolve os problemas ambientais e de saúde associados aos materiais que contêm amianto.
ii. Conformidade regulamentar: Estas almofadas cumprem os regulamentos ambientais e as restrições relativas a materiais perigosos.

Avanços e investigação:

A investigação em curso centra-se na melhoria da estabilidade térmica e do desempenho a altas temperaturas das pastilhas de travão NAO de baixo teor metálico, para satisfazer as exigências dos veículos modernos.

Em suma, os compósitos NAO de baixo teor metálico oferecem uma solução equilibrada para o fabrico de pastilhas de travão, satisfazendo a necessidade de um desempenho de travagem eficaz, redução do ruído e das poeiras e conformidade ambiental em várias aplicações automóveis.

2.3.4 Compósitos cerâmicos

Os compósitos cerâmicos são um tipo de material de fricção normalmente utilizado no fabrico de pastilhas de travão. Estes materiais oferecem várias vantagens em termos de desempenho, durabilidade e impacto ambiental reduzido. Eis uma visão geral dos compósitos cerâmicos para o fabrico de pastilhas de travão:

Composição:

i. **Fibras cerâmicas:** As pastilhas de travão cerâmicas contêm uma quantidade significativa de fibras cerâmicas, muitas vezes feitas de materiais como o zircónio, a sílica ou outros compostos cerâmicos.

ii. **Enchimentos e aglutinantes:** Estes materiais são combinados com cargas e aglutinantes para criar um compósito capaz de suportar as elevadas temperaturas e tensões experimentadas durante a travagem.

Características e vantagens:

i. **Estabilidade a altas temperaturas:** Os compósitos cerâmicos são excelentes a lidar com temperaturas elevadas geradas durante a travagem. Podem suportar calor intenso sem perda significativa de desempenho.

ii. **Baixo ruído e geração de poeira:** As pastilhas de travão de cerâmica produzem menos ruído e geram um mínimo de pó em comparação com os materiais tradicionais das pastilhas de travão. Isto contribui para um sistema de travagem mais limpo e silencioso.

iii. **Baixo desgaste:** Os compostos cerâmicos são conhecidos pela sua durabilidade, o que resulta num menor desgaste das pastilhas e dos rotores dos travões. Isto pode levar a uma vida útil mais longa das pastilhas e dos rotores.

iv. **Desempenho de travagem suave:** As pastilhas de travão de cerâmica proporcionam um desempenho de travagem suave e consistente, muitas vezes com uma resposta mais linear em comparação com outros materiais.

Aplicações:

i. **Veículos de alto desempenho:** As pastilhas de travão cerâmicas são normalmente utilizadas em veículos de luxo e de alto desempenho, onde se pretende um desempenho de travagem superior.

ii. **Deslocações diárias:** Devido à sua durabilidade e características de baixo ruído, as pastilhas de travão de cerâmica também são adequadas para a condução diária em várias condições.

iii. **Veículos de frota:** Alguns veículos comerciais e de frota beneficiam da longevidade e do desempenho consistente das pastilhas de travão de cerâmica.

Considerações:

i. **Custo:** As pastilhas de travão de cerâmica são geralmente mais caras do que os materiais tradicionais, o que pode influenciar a sua adoção em certos segmentos do mercado.

ii. **Compatibilidade do rotor:** Embora as pastilhas de cerâmica produzam menos desgaste nos rotores, podem exigir rotores especificamente concebidos para utilização com materiais de cerâmica para otimizar o desempenho.

Impacto ambiental:

i. **Redução da poeira:** A baixa produção de poeira das pastilhas de travão de cerâmica contribui para rodas mais limpas

e reduzir o impacto ambiental.

ii. **Sem amianto:** À semelhança de outros materiais de travões modernos, os compósitos cerâmicos não contêm amianto, o que permite resolver os problemas de saúde e ambientais associados ao amianto.

Avanços e investigação:

A investigação em curso visa melhorar ainda mais a estabilidade térmica, a resistência ao desgaste e a relação custo-eficácia das formulações de pastilhas de travão em cerâmica.

Os avanços na nanotecnologia podem desempenhar um papel na melhoria das propriedades dos compósitos cerâmicos para um desempenho ainda melhor.

Em suma, os compósitos cerâmicos para o fabrico de pastilhas de travão oferecem uma solução atraente para quem procura uma travagem de alto desempenho, um impacto ambiental reduzido e uma vida útil prolongada das pastilhas e dos rotores. Embora possam ter um custo inicial mais elevado, os benefícios em termos de desempenho e longevidade podem fazer deles a escolha preferida para determinadas aplicações.

2.3.5 Compósitos de carbono-cerâmica

Os compósitos carbono-cerâmica, muitas vezes referidos como travões carbono-cerâmica ou compósitos de matriz carbono-cerâmica (CMCs), representam uma opção avançada e de elevado desempenho para o fabrico de pastilhas de travão. Estes materiais são conhecidos pela sua excecional resistência ao calor, baixo peso e desempenho superior de travagem, particularmente em aplicações exigentes. Eis uma visão geral dos compósitos de carbono-cerâmica para o fabrico de pastilhas de travão:

Composição:

i. **Fibras de carbono:** Os compósitos carbono-cerâmicos contêm uma proporção significativa de fibras de carbono, proporcionando uma elevada força e resistência ao calor.

ii. **Matriz cerâmica:** As fibras de carbono são incorporadas numa matriz cerâmica, normalmente feita de carboneto de silício (SiC). Esta combinação resulta num material com propriedades térmicas e mecânicas excepcionais.

Características e vantagens:

i. **Estabilidade a altas temperaturas:** Os compósitos de carbono-cerâmica podem suportar temperaturas extremamente elevadas geradas durante a travagem sem degradação significativa. Isto torna-os adequados para aplicações de alto desempenho e de serviço pesado.

ii. **Peso reduzido:** Os travões de carbono-cerâmica são significativamente mais leves do que os tradicionais travões de aço, contribuindo para a redução geral do peso do veículo e para uma maior eficiência de combustível.

iii. **Desempenho de travagem excecional:** Estas pastilhas de travão proporcionam um desempenho de travagem excelente e consistente, particularmente em condições extremas, como condução a alta velocidade ou travagens fortes.

iv. **Baixo desgaste:** Os travões de carbono-cerâmica apresentam um desgaste mínimo, resultando numa vida útil mais longa das pastilhas e do rotor, em comparação com os materiais tradicionais.

v. **Resistência à corrosão:** Ao contrário dos travões de aço, os travões de carbono-cerâmica são altamente resistentes à corrosão, contribuindo para a sua longevidade.

Aplicações:

i. **Alto desempenho e supercarros:** Os travões de carbono-cerâmica são normalmente utilizados em veículos de alto desempenho e de luxo, onde as capacidades de travagem superiores e o peso reduzido são cruciais.

ii. **Desportos motorizados:** Devido ao seu desempenho excecional em condições extremas, os travões de carbono-cerâmica são populares nos desportos motorizados, incluindo a Fórmula 1 e as corridas de automóveis de alto desempenho.

iii. **Aeroespacial:** Os compósitos carbono-cerâmica são também utilizados em aplicações aeroespaciais, incluindo travões de aviões, onde a leveza e a estabilidade a altas temperaturas são essenciais.

Considerações:

i. **Custo:** Os travões de carbono-cerâmica estão entre as opções mais caras, principalmente devido ao elevado custo dos materiais e dos processos de fabrico. Este fator de custo limita frequentemente a sua adoção generalizada a veículos topo de gama e orientados para o desempenho.

ii. **Compatibilidade do rotor:** Tal como os travões de cerâmica, os travões de carbono-cerâmica podem exigir rotores específicos concebidos para complementar as suas propriedades.

Impacto ambiental:

Peso reduzido: O menor peso dos travões de carbono-cerâmica contribui para uma maior eficiência do combustível e para a redução das emissões de carbono.

2.3.6 Avanços e investigação:

A investigação em curso centra-se na melhoria da relação custo-eficácia dos compósitos carbono-cerâmica para alargar a sua aplicação em vários segmentos de veículos.

Os avanços nos processos de fabrico e nos materiais visam melhorar o desempenho global e reduzir o custo de produção dos travões de carbono-cerâmica.

Os compósitos de carbono-cerâmica representam o auge da tecnologia de pastilhas de travão, oferecendo um desempenho sem paralelo em termos de resistência ao calor, redução de peso e eficiência de travagem. Embora estejam associados a custos mais elevados, as suas vantagens fazem deles a escolha preferida para veículos de alto desempenho e de luxo, onde as capacidades de travagem sem compromissos são essenciais.

Capítulo 3: Critérios diferentes para a secção relativa aos materiais dos calços de apoio

Ao selecionar os materiais das pastilhas de travão, há vários critérios a considerar para garantir que o material escolhido satisfaz as necessidades e requisitos específicos de um veículo. Seguem-se alguns critérios-chave para avaliar os materiais das pastilhas de travão:

I. **Coeficiente de fricção:** O coeficiente de fricção determina o desempenho da travagem. É essencial escolher um material de pastilhas de travão que proporcione o equilíbrio certo entre potência de travagem e suavidade de funcionamento.

II. **Taxa de desgaste:** A taxa de desgaste indica a rapidez com que o material da pastilha de travão se desgasta ao longo do tempo. Embora algum desgaste seja inevitável, a escolha de um material com uma taxa de desgaste aceitável é crucial para garantir uma longevidade razoável e evitar substituições frequentes.

III. **Nível de ruído:** O ruído dos travões pode ser uma preocupação para alguns condutores. O material da pastilha de travão, juntamente com o design da pastilha e do sistema de travagem, pode influenciar o ruído gerado durante a travagem. Pode preferir materiais mais silenciosos, como a cerâmica, para uma experiência de condução mais confortável.

IV. **Resistência ao calor:** As pastilhas de travão geram uma quantidade significativa de calor durante a travagem. Os materiais com uma boa resistência ao calor ajudam a evitar o desvanecimento dos travões e a manter um desempenho consistente em condições de elevada tensão. Isto é particularmente importante para aplicações de alto desempenho e de serviço pesado.

V. **Resistência ao desvanecimento:** O desvanecimento dos travões ocorre quando o desempenho da travagem diminui sob travagens prolongadas ou de alta intensidade. A escolha de um material que resista ao desvanecimento é crucial, especialmente para veículos que são sujeitos a travagens frequentes ou que funcionam em condições exigentes.

VI. **Facilidade de utilização do rotor:** Alguns materiais das pastilhas de travão podem ser mais ou menos abrasivos para os rotores dos travões. É necessário encontrar um equilíbrio para garantir uma travagem eficaz sem provocar um desgaste excessivo dos rotores.

VII. **Geração de poeiras:** Diferentes materiais de pastilhas de travão produzem quantidades variáveis de pó de travão. Alguns condutores preferem materiais que produzam menos pó para facilitar a manutenção e para manter o

limpador de rodas.

VIII. **Custo:** O custo das pastilhas de travão varia em função dos materiais utilizados. Considere as restrições orçamentais e equilibre-as com as características de desempenho desejadas ao escolher os materiais das pastilhas de travão.

IX. **Tipo e utilização do veículo:** O tipo de veículo e a sua utilização típica desempenham um papel importante na seleção do material. Os veículos de alto desempenho ou pesados podem beneficiar de materiais concebidos para condições mais exigentes.

X. **Impacto ambiental:** A consideração de factores ambientais, tais como os materiais utilizados nas pastilhas de travão e o seu impacto na qualidade do ar e da água, está a tornar-se cada vez mais importante. Alguns materiais podem ser mais amigos do ambiente do que outros.

3.1 Coeficiente de fricção

O coeficiente de atrito é um fator crucial na seleção dos materiais das pastilhas de travão porque influencia diretamente o desempenho de travagem de um veículo. O coeficiente de atrito é uma medida da eficácia com que as pastilhas de travão podem converter a energia cinética do veículo em movimento em calor através do processo de atrito, conduzindo, em última análise, à desaceleração ou paragem. O coeficiente de atrito desempenha um papel importante na seleção do material das pastilhas de travão:

i. **Poder de paragem:** O coeficiente de atrito determina a eficácia com que as pastilhas de travão conseguem parar o veículo. Coeficientes de atrito mais elevados resultam geralmente numa melhor potência de travagem, o que é crucial para garantir a segurança do veículo e dos seus ocupantes.

ii. **Travagem suave:** Embora o elevado coeficiente de atrito seja essencial para uma travagem eficaz, também é importante encontrar um equilíbrio para garantir uma travagem suave e controlada. Coeficientes de atrito excessivamente elevados podem levar a paragens bruscas, causando desconforto aos passageiros e potencial instabilidade em determinadas condições de condução.

iii. **Sensibilidade à temperatura:** O coeficiente de atrito pode ser influenciado pela temperatura. Alguns materiais de pastilhas de travão podem apresentar alterações nas características de atrito à medida que aquecem durante a travagem. Os materiais com coeficientes de atrito estáveis numa gama de temperaturas são desejáveis para manter um desempenho de travagem consistente.

iv. **Desempenho em condições húmidas:** O coeficiente de fricção é fundamental, especialmente em condições de chuva ou de humidade. Alguns materiais podem sofrer uma redução do atrito quando molhados, afectando a eficácia da travagem. Os materiais das pastilhas de travão concebidos para manter um coeficiente de fricção estável em diversas condições meteorológicas são importantes para a segurança geral.

v. **Características de desgaste:** A taxa de desgaste das pastilhas de travão está relacionada com o coeficiente de atrito. Os materiais com um bom equilíbrio entre atrito elevado e taxas de desgaste razoáveis são desejáveis para garantir a longevidade e minimizar a frequência de substituição das pastilhas de travão.

vi. **Compatibilidade com o sistema de travagem:** O coeficiente de atrito deve ser compatível com a conceção e as especificações do sistema de travagem global. Isto inclui considerações sobre as pinças de travão, os rotores e outros componentes para garantir um desempenho e segurança óptimos.

O coeficiente de atrito dos materiais das pastilhas de travão é um fator crítico que afecta diretamente o desempenho de travagem de um veículo. É essencial encontrar o equilíbrio certo entre a potência de travagem, o funcionamento suave, a estabilidade da temperatura e as características de desgaste ao selecionar os materiais das pastilhas de travão para uma aplicação específica. Os fabricantes concebem cuidadosamente os materiais das pastilhas de travão para obter um coeficiente de atrito ideal para uma vasta gama de condições de condução e tipos de veículos.

3.2 Taxa de desgaste

A taxa de desgaste dos materiais das pastilhas de travão é uma consideração crucial no processo de seleção por várias razões. A taxa de desgaste desempenha um papel importante na secção sobre os materiais das pastilhas de travão:

i. **Durabilidade e longevidade:** A taxa de desgaste influencia diretamente a rapidez com que um material de pastilha de travão se desgasta ao longo do tempo. Os materiais com uma taxa de desgaste mais baixa são mais duráveis e tendem a durar mais tempo, proporcionando uma melhor relação qualidade/preço e reduzindo a frequência de substituição das pastilhas de travão.

ii. **Custos de manutenção:** A substituição das pastilhas de travão envolve tanto o custo das novas pastilhas como a mão de obra necessária para a instalação. Os materiais com uma taxa de desgaste mais baixa contribuem para reduzir os custos de manutenção ao longo da vida útil do sistema de travagem, uma vez que requerem uma substituição menos frequente.

iii. **Segurança do veículo:** À medida que as pastilhas de travão se desgastam, a sua eficácia na geração de fricção e na redução da velocidade do veículo diminui. Monitorizar e gerir a taxa de desgaste é fundamental para garantir que as pastilhas de travão são substituídas antes de ficarem demasiado finas, mantendo uma travagem óptima

desempenho e segurança global do veículo.

iv. **Consistência de desempenho:** Os materiais com uma taxa de desgaste consistente e previsível contribuem para um desempenho de travagem mais estável e previsível. Os condutores podem antecipar melhor quando é que as pastilhas de travão vão precisar de ser substituídas, reduzindo o risco de problemas inesperados relacionados com pastilhas gastas.

v. **Impacto ambiental:** O desgaste das pastilhas de travão gera pó de travão, o que pode ter implicações ambientais. Os materiais com taxas de desgaste mais baixas produzem geralmente menos poeiras, contribuindo para rodas mais limpas e um menor impacto ambiental.

vi. **Consideração das condições de condução:** A taxa de desgaste pode ser influenciada pelas condições de condução. Por exemplo, uma condução pesada ou de alto desempenho pode acelerar o desgaste das pastilhas de travão. A seleção de um material com uma taxa de desgaste adequada à utilização típica do veículo é essencial para um desempenho ótimo.

vii. **Compatibilidade com o sistema de travagem:** A taxa de desgaste das pastilhas de travão deve ser compatível com outros componentes do sistema de travagem, como os rotores. Assegurar que as características de desgaste do material das pastilhas de travão estão em conformidade com a conceção global do sistema de travagem é crucial para manter o desempenho e a segurança.

A taxa de desgaste é um fator chave para determinar o desempenho global, a longevidade e a rentabilidade dos materiais das pastilhas de travão. Equilibrar a necessidade de uma travagem eficaz com o desejo de prolongar a vida útil das pastilhas é essencial para selecionar o material certo para um veículo específico e a sua utilização. Os fabricantes procuram desenvolver materiais de pastilhas de travão que proporcionem uma combinação óptima de resistência ao desgaste, desempenho e segurança.

3.3 Nível de ruído

O nível de ruído produzido pelas pastilhas de travão é uma consideração importante ao selecionar os materiais das pastilhas de travão. Veja como o nível de ruído desempenha um papel na secção sobre os materiais das pastilhas de travão:

i. **Conforto do condutor:** O ruído excessivo dos travões pode contribuir para o desconforto do condutor e dos passageiros. Os sons indesejados, como o chiar ou o ranger, podem afetar negativamente a experiência de condução e a satisfação geral com o veículo.

ii. **Satisfação do cliente:** O ruído é um fator significativo na satisfação do cliente. Os fabricantes de veículos e os fornecedores de pastilhas de travão procuram fornecer materiais que minimizem os níveis de ruído

durante a travagem para melhorar a perceção global da qualidade e do desempenho do veículo.

iii. **Impacto na comunidade:** O ruído dos travões não é apenas uma preocupação para os ocupantes do veículo, mas também para a comunidade circundante. Os ruídos fortes de travagem, especialmente em áreas residenciais, podem ser uma fonte de incómodo para as pessoas que vivem nas proximidades. Os materiais que reduzem o ruído dos travões contribuem para um ambiente de condução mais silencioso.

iv. **Conformidade regulamentar:** Algumas regiões têm regulamentos de ruído para veículos, incluindo normas relacionadas com o ruído dos travões. Os fabricantes têm de garantir que os materiais das pastilhas de travão estão em conformidade com estes regulamentos para cumprir os requisitos legais.

v. **Conceção do sistema de travagem:** A conceção do sistema de travagem, incluindo a escolha de materiais para as pastilhas e os rotores, pode influenciar a produção de ruído. A integração de materiais com características que amortecem ou minimizam as vibrações e o ruído é essencial para conseguir uma operação de travagem silenciosa.

vi. **Composição do material:** Os diferentes materiais das pastilhas de travão apresentam diferentes níveis de ruído durante o funcionamento. Por exemplo, os materiais orgânicos e cerâmicos produzem frequentemente menos ruído em comparação com alguns compostos semi-metálicos. A composição do material influencia as suas propriedades acústicas.

vii. **Condições de condução:** O ruído dos travões pode ser mais pronunciado em determinadas condições de condução, como temperaturas elevadas ou travagens fortes. São preferíveis os materiais concebidos para terem um bom desempenho numa série de condições, minimizando o ruído.

viii. **Características anti-ruído:** Algumas pastilhas de travão incorporam características específicas, tais como calços ou materiais isolantes, para reduzir o ruído. Estas características podem ajudar a amortecer as vibrações e evitar a transmissão de ruído para o habitáculo do veículo.

O nível de ruído é um aspeto importante da seleção do material das pastilhas de travão, influenciando tanto o conforto do condutor como as considerações comunitárias. Os fabricantes de calços de travão esforçam-se por desenvolver materiais e desenhos que proporcionem um desempenho de travagem eficaz, minimizando o ruído indesejado, contribuindo para uma experiência de condução positiva e para o cumprimento dos regulamentos.

3.4 Resistência ao calor

A resistência ao calor é um fator crítico na seleção dos materiais das pastilhas de travão e desempenha um papel crucial na garantia do desempenho geral e da segurança do sistema de travagem. Veja como a resistência ao calor é significativa na secção sobre materiais das pastilhas de travão:

i. **Prevenção do desvanecimento dos travões:** O desvanecimento dos travões ocorre quando o sistema de travagem perde eficiência devido às temperaturas elevadas geradas durante uma travagem prolongada ou intensa. Os materiais com elevada resistência ao calor ajudam a evitar o desvanecimento dos travões, assegurando um desempenho de travagem consistente, mesmo em condições exigentes.

ii. **Manter a potência de travagem:** À medida que as pastilhas de travão aquecem durante a travagem, a sua capacidade de gerar fricção e proporcionar potência de travagem pode ser afetada. Os materiais resistentes ao calor mantêm a sua eficácia numa gama de temperaturas, permitindo uma potência de travagem fiável em várias condições de condução.

iii. **Vida útil prolongada das pastilhas de travão: As** temperaturas elevadas podem acelerar o desgaste das pastilhas de travão. Os materiais resistentes ao calor são mais capazes de suportar o stress térmico associado à travagem, contribuindo para uma vida útil mais longa das pastilhas e reduzindo a frequência das substituições.

iv. **Redução do stress térmico noutros componentes:** As pastilhas de travão resistentes ao calor também ajudam a reduzir o stress térmico geral sobre outros componentes do sistema de travagem, tais como rotores e pinças. Isto pode contribuir para a longevidade e desempenho de todo o sistema de travagem.

v. **Desempenho em veículos de elevado desempenho:** Os veículos com capacidades de desempenho superiores geram frequentemente mais calor durante a condução agressiva ou a utilização em pista. Os materiais das pastilhas de travão com resistência superior ao calor são cruciais nestas aplicações para manter um desempenho consistente e evitar o desgaste prematuro.

vi. **Compatibilidade com travões de disco:** Nos sistemas de travões de disco, as pastilhas de travão entram em contacto direto com os rotores de travão, gerando fricção e calor. Os materiais resistentes ao calor são essenciais para suportar o calor intenso gerado durante este processo, garantindo uma travagem eficaz.

vii. **Redução da ebulição do fluido dos travões:** Temperaturas extremamente elevadas podem levar à ebulição do fluido dos travões, introduzindo ar no sistema de travagem e comprometendo o desempenho da **Avaliação do Desempenho dos Materiais das Pastilhas de Travões**. As pastilhas de travão resistentes ao calor contribuem para minimizar o risco de ebulição do líquido dos travões.

viii. **Desempenho consistente em todas as condições de condução:** As diferentes condições de condução, como a condução em cidade, em autoestrada ou em terreno montanhoso, podem sujeitar o sistema de travagem a níveis variáveis de calor. Os materiais das pastilhas de travão com excelente resistência ao calor oferecem um desempenho consistente em diversos cenários de condução.

A resistência ao calor é uma consideração fundamental na seleção do material das pastilhas de travão para garantir um desempenho de travagem fiável e consistente, evitar o desvanecimento dos travões, prolongar a vida útil dos componentes dos travões e responder às exigências de várias condições de condução. Os fabricantes de pastilhas de travão concebem materiais que atingem um equilíbrio entre a geração de fricção eficaz e a capacidade de dissipar o calor de forma eficiente.

3.5 FadeResistance

A resistência ao desbotamento é uma consideração crítica na seleção dos materiais das pastilhas de travão, e desempenha um papel significativo na garantia da eficácia do sistema de travagem de um veículo, particularmente em condições exigentes. Veja como a resistência ao desbotamento é importante na secção sobre materiais de pastilhas de travão:

i. **Desempenho de travagem consistente:** A resistência ao desvanecimento refere-se à capacidade das pastilhas de travão para manter um desempenho de travagem consistente, mesmo em situações de travagem repetidas ou prolongadas. Os materiais que resistem ao desvanecimento têm menos probabilidades de sofrer uma diminuição da potência de travagem à medida que o sistema de travagem aquece.

ii. **Estabilidade a altas temperaturas:** Durante uma travagem intensa ou prolongada, o calor gerado pode levar a um fenómeno conhecido como "brake fade", em que a fricção entre a pastilha de travão e o rotor diminui. Os materiais resistentes ao desvanecimento são concebidos para manter a estabilidade e a eficácia a altas temperaturas, garantindo uma potência de travagem fiável.

iii. **Desempenho em condições de condução agressiva:** Os veículos sujeitos a uma condução agressiva, como a condução em estradas sinuosas ou a utilização em pista, geram níveis mais elevados de calor no sistema de travagem. As pastilhas de travão resistentes ao desbotamento são cruciais nestes cenários para evitar uma redução da eficácia da travagem.

iv. **Redução de problemas relacionados com o calor:** O desvanecimento dos travões é frequentemente acompanhado por um aumento da temperatura no sistema de travagem. Os materiais que resistem ao desvanecimento contribuem para reduzir os problemas relacionados com o calor, como o desgaste acelerado, os danos no rotor e a diminuição do desempenho geral do sistema de travagem.

v. **Considerações de segurança:** As pastilhas de travão resistentes ao desbotamento aumentam a segurança, garantindo que o veículo consegue manter uma travagem eficaz mesmo em situações exigentes. Isto é particularmente importante em cenários de travagem de emergência, onde uma potência de travagem consistente é crucial.

vi. **Vida útil prolongada das pastilhas de travão:** Os materiais que resistem ao desvanecimento sofrem normalmente menos desgaste durante os eventos de travagem a alta temperatura. Como resultado, as pastilhas de travão com resistência ao desvanecimento têm frequentemente uma vida útil prolongada em comparação com os materiais que são mais propensos ao desvanecimento dos travões.

vii. **Compatibilidade com veículos de elevado desempenho:** Os veículos concebidos para aplicações de alto desempenho, como carros desportivos ou sedans orientados para o desempenho, requerem frequentemente materiais de pastilhas de travão com uma resistência superior ao desvanecimento. Estes materiais são concebidos para lidar com o aumento do stress térmico associado a uma condução mais intensa.

viii. **Desempenho ótimo em todas as condições de condução:** As pastilhas de travão que resistem ao desvanecimento proporcionam um desempenho ótimo numa série de condições de condução, desde a deslocação urbana até à condução em autoestrada e em terrenos mais difíceis. Isto assegura uma experiência de condução consistente e fiável para o proprietário do veículo.

A resistência ao desvanecimento é uma caraterística crucial na seleção do material das pastilhas de travão, especialmente para veículos que podem ser sujeitos a uma condução agressiva ou de alto desempenho. Os fabricantes de pastilhas de travão concentram-se no desenvolvimento de materiais que possam dissipar eficazmente o calor, manter os níveis de fricção e resistir ao desvanecimento para garantir a segurança e o desempenho do sistema de travagem.

3.6 Facilidade de utilização do rotor

A compatibilidade com o rotor é uma consideração importante na seleção dos materiais das pastilhas de travão e desempenha um papel crucial na manutenção da integridade e longevidade do rotor do travão (também conhecido como disco de travão). Veja como a compatibilidade com o rotor é significativa na secção sobre materiais de pastilhas de travão:

i. **Redução do desgaste do rotor:** As pastilhas de travão que não danificam o rotor geram fricção sem desgastar excessivamente o rotor do travão. Isto é importante para a longevidade global do sistema de travagem, uma vez que a substituição frequente do rotor pode contribuir para aumentar os custos de manutenção.

ii. **Prevenção de ranhuras no rotor:** Alguns materiais das pastilhas de travão podem ser mais abrasivos, provocando marcas ou ranhuras no rotor. Os materiais amigos do rotor são concebidos para minimizar o desgaste abrasivo na superfície do rotor, preservando a sua suavidade e integridade.

iii. **Compatibilidade com os materiais do rotor:** Diferentes veículos utilizam rotores feitos de vários materiais, tais como ferro fundido, materiais compósitos ou mesmo carbono-cerâmica. Os materiais das pastilhas de travão compatíveis com os rotores são formulados para serem compatíveis com o tipo específico de material do rotor utilizado no veículo, evitando problemas como o desgaste irregular ou a geração de calor excessivo.

iv. **Dissipação de calor:** A facilidade de utilização do rotor também está relacionada com a capacidade do material da pastilha de travão para dissipar o calor de forma eficaz. Os materiais que gerem bem o calor contribuem para um ambiente térmico equilibrado, evitando a transferência excessiva de calor para o rotor, o que pode levar a deformações ou outras formas de danos térmicos.

v. **Minimização do ruído e da vibração:** Alguns materiais de pastilhas de travão podem causar problemas de ruído e vibração, especialmente se interagirem com o rotor de uma forma que induza um desgaste irregular. Os materiais amigos do rotor são concebidos para minimizar o ruído e a vibração, contribuindo para uma operação de travagem mais silenciosa e suave.

vi. **Desempenho de travagem consistente:** A manutenção de uma relação saudável entre a pastilha de travão e o rotor assegura um desempenho de travagem consistente. Os materiais amigos do rotor ajudam a evitar irregularidades na superfície do rotor que podem comprometer a eficácia do sistema de travagem.

vii. **Características de fricção óptimas:** A facilidade de utilização do rotor implica alcançar um equilíbrio ótimo das características de fricção. O material da pastilha de travão deve proporcionar atrito suficiente para uma travagem eficaz sem causar desgaste excessivo no rotor.

viii. **Redução das poeiras dos travões:** Os materiais das pastilhas de travão não agressivos para o rotor podem contribuir para reduzir a produção de pó de travões. Isto não só ajuda a manter as rodas mais limpas, como também minimiza o efeito abrasivo do pó dos travões na superfície do rotor.

A compatibilidade com o rotor é uma consideração fundamental na seleção do material das pastilhas de travão para garantir uma interação harmoniosa entre a pastilha de travão e o rotor. Os fabricantes pretendem desenvolver materiais que proporcionem uma travagem eficaz, minimizem o desgaste do rotor e contribuam para a durabilidade e desempenho globais do sistema de travagem. A compatibilidade com o tipo específico de rotor utilizado num veículo é crucial para alcançar os melhores resultados.

3.7 Geração de poeira

A formação de poeira é uma consideração importante na seleção dos materiais das pastilhas de travão e desempenha um papel em vários aspectos do sistema de travagem e da experiência geral de condução. Veja como a geração de poeira é significativa na secção sobre materiais de pastilhas de travão:

i. **Limpeza das rodas:** Os diferentes materiais das pastilhas de travão produzem quantidades variáveis de pó de travão durante a travagem. O excesso de pó de travão pode acumular-se nas rodas, afectando o aspeto do veículo. Os materiais que resultam numa menor produção de pó são frequentemente preferidos pelos condutores que pretendem manter as suas rodas mais limpas para um aspeto esteticamente mais agradável.

ii. **Facilidade de manutenção:** O pó dos travões não só afecta o aspeto das rodas, como também requer uma limpeza regular. Os materiais que geram menos pó contribuem para uma manutenção mais fácil e reduzem a frequência da limpeza das rodas, aumentando a comodidade geral para os proprietários de veículos.

iii. **Impacto ambiental reduzido:** As poeiras dos travões são constituídas por partículas finas que podem conter metal, carbono e outros materiais. Minimizar a produção de pó é benéfico para o ambiente, uma vez que reduz a quantidade de partículas libertadas para o ar. Alguns materiais das pastilhas de travão, como a cerâmica, são conhecidos por produzirem menos poeira e são considerados mais amigos do ambiente.

iv. **Limpeza do sistema de travagem:** O pó excessivo dos travões pode acumular-se em vários componentes do sistema de travagem, incluindo as pinças e os rotores. Embora isto não afecte diretamente o desempenho da travagem, um sistema de travagem mais limpo é frequentemente preferido pelos entusiastas de automóveis e pode contribuir para um compartimento do motor visualmente mais apelativo.

v. **Compatibilidade com jantes de liga leve:** O pó dos travões pode ser particularmente notório nas jantes de liga leve devido aos seus desenhos frequentemente intrincados e abertos. Os condutores com jantes de liga leve podem preferir materiais de pastilhas de travão que produzam menos pó para manter o aspeto visual das suas jantes.

vi. **Preferências do consumidor:** As preferências dos consumidores desempenham um papel significativo na seleção do material das pastilhas de travão. Alguns condutores dão prioridade a opções com pouco pó por razões estéticas ou para reduzir a necessidade de limpeza frequente, enquanto outros podem dar prioridade a outras características de desempenho.

vii. **Características de desempenho:** É importante notar que a redução da produção de pó não deve comprometer outras características críticas de desempenho, como a eficácia da travagem, a resistência ao desvanecimento e a durabilidade. Os fabricantes de pastilhas de travão procuram encontrar um equilíbrio entre estes factores para fornecer soluções completas.

A produção de pó é um fator relevante na secção sobre materiais para calços de travão, influenciando a limpeza das rodas, a facilidade de manutenção, o impacto ambiental e as preferências dos consumidores. Os materiais das pastilhas de travão que produzem menos pó, como as formulações cerâmicas, são frequentemente preferidos por aqueles que procuram uma experiência de condução mais limpa e mais conveniente.

3.8 Impacto ambiental

O impacto ambiental é uma preocupação crescente na indústria automóvel e desempenha um papel crucial na secção sobre materiais de pastilhas de travão. Veja como o impacto ambiental é significativo no contexto dos materiais das pastilhas de travão:

Composição dos materiais: Os materiais utilizados nas pastilhas de travão podem ter implicações ambientais. Por exemplo, as pastilhas de travão tradicionais podem conter materiais como o amianto ou metais pesados como o cobre, que podem ser prejudiciais para o ambiente durante o fabrico e a eliminação. As formulações modernas de pastilhas de travão, como as opções de cerâmica ou de baixo teor metálico, são frequentemente concebidas para serem mais amigas do ambiente.

Qualidade do ar: A poeira dos travões, gerada durante a travagem, pode conter partículas que contribuem para a poluição do ar. Alguns materiais de pastilhas de travão, como os que têm formulações pouco metálicas ou orgânicas, produzem menos poeira abrasiva e são considerados mais amigos do ambiente em termos de impacto na qualidade do ar.

Qualidade da água: O pó dos travões também pode ser arrastado para cursos de água, afectando potencialmente a qualidade da água. Os materiais que produzem menos escoamento e são menos nocivos quando entram nos sistemas hídricos contribuem para reduzir o impacto ambiental.

Conformidade regulamentar: Os regulamentos ambientais podem estabelecer normas para componentes de veículos, incluindo pastilhas de travão. Algumas regiões têm restrições à utilização de determinados materiais, como o amianto, devido a preocupações ambientais e de saúde. Os fabricantes de calços de travão têm de garantir a conformidade com estes regulamentos.

Reciclabilidade: A reciclabilidade dos materiais das pastilhas de travão é uma consideração para reduzir os resíduos. Alguns materiais das pastilhas de travão são concebidos para serem mais recicláveis do que outros, contribuindo para um ciclo de vida do produto mais sustentável.

Substâncias perigosas: Alguns materiais das pastilhas de travão podem conter substâncias perigosas que podem representar riscos durante o fabrico, utilização ou eliminação. As formulações de pastilhas de travão ambientalmente conscientes visam minimizar a utilização de tais substâncias para reduzir o impacto ambiental.

Longevidade e manutenção: Os materiais das pastilhas de travão que contribuem para uma vida útil mais longa das pastilhas podem reduzir indiretamente o impacto ambiental, diminuindo a frequência das substituições e os resíduos associados. Além disso, os materiais que requerem uma manutenção menos agressiva, como os que produzem menos pó, podem contribuir para uma experiência de propriedade mais amiga do ambiente.

Consciencialização dos consumidores: A crescente sensibilização dos consumidores para as questões ambientais levou a uma procura de produtos amigos do ambiente, incluindo pastilhas de travão. Os fabricantes podem enfatizar os benefícios ambientais dos materiais das suas pastilhas de travão para atrair consumidores com consciência ambiental. O impacto ambiental dos materiais das pastilhas de travão é uma consideração multifacetada que engloba os processos de fabrico, os efeitos na qualidade do ar e da água, a conformidade regulamentar, a reciclabilidade e as preferências dos consumidores. Os fabricantes de pastilhas de travão estão a concentrar-se cada vez mais no desenvolvimento de materiais que atinjam um equilíbrio entre desempenho, segurança e impacto ambiental reduzido para satisfazer as expectativas em evolução das entidades reguladoras e dos consumidores ambientalmente conscientes

Capítulo 4: Estudo de caso

Durante este estudo, verificou-se que a quantidade de poeira rodoviária presente na estrada desempenha um papel crucial na vida de uma pastilha de travão. É necessário desenvolver um teste normalizado que possa medir com precisão o desgaste produzido na pastilha de travão devido ao pó da estrada. Um desses testes é proposto por Piotr Szczyglak, Jerzy Napiorkowski e Mateusz Nydorczyk no seu artigo intitulado - "An Evaluation of the Effect of Silica Dust on Brake Pad Wear".

A revisão da literatura do autor revelou que o impacto das poeiras transportadas pelo ar no desgaste das pastilhas dos travões não foi investigado. Trata-se de uma consideração importante porque a norma Euro 7 introduzirá limites adicionais para as emissões dos travões e dos pneus. Por isso, os investigadores levaram a cabo o trabalho. Este estudo teve como objetivo avaliar o efeito do pó de sílica no desgaste das pastilhas de travão de disco. O revestimento da pastilha de travão analisada era feito de material JT6500, e a pastilha de travão foi montada num travão de disco sólido feito de ferro fundido ZL250. O estudo baseou-se numa abordagem de experimentação ativa.

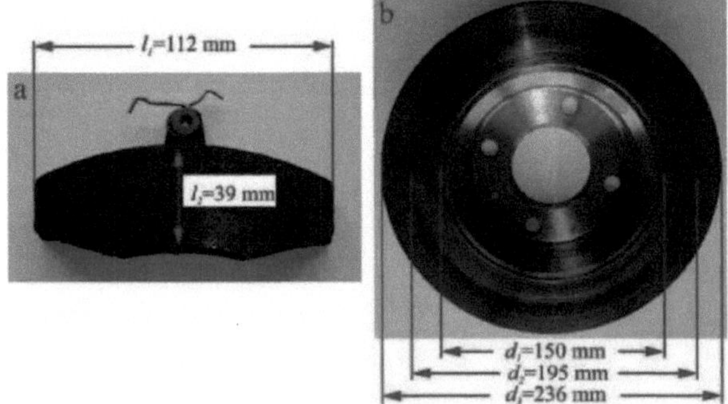

Fig. 13 Vista do disco e da pastilha de travão analisados: a) pastilha de travão, b) disco de travão As seguintes variáveis de saída foram analisadas durante a experiência:

a) perda de massa do revestimento das pastilhas de travão ML,

b) rugosidade superficial média aritmética Ra do revestimento das pastilhas de travão,

c) superfície do revestimento da pastilha do travão (examinada a 200x ampliação). As especificações de ensaio utilizadas durante a experiência são as seguintes:

Área de superfície de travagem ativa = 3828 mm²

Diâmetro médio da zona de contacto =195 mm

Força de aperto =212N

Pressão por unidade de superfície = 55377 Pa

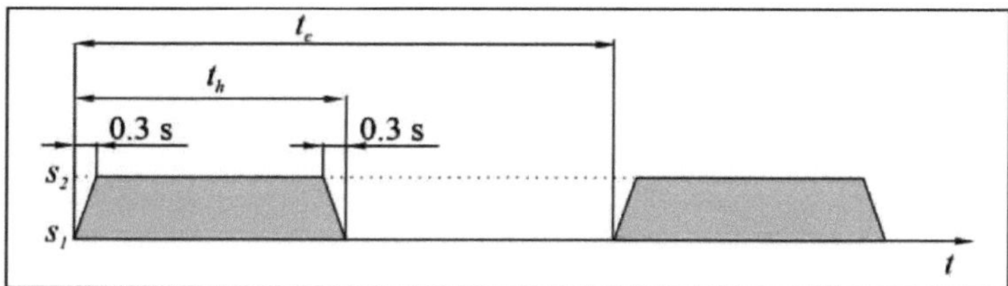

Fig. 14Ciclo de travagem

Conceção experimental do ciclo de travagem:

Quadro 1 Conceção experimental do ciclo de travagem

Trial	Cycle duration t_c [s]	Braking time t_k [s]	Number of cycles *NC*	Sliding velocity v_p [$m \cdot s^{-1}$]	Bra-king force *F* [N]	Silica concentra-tion *SC* [$g \cdot m^{-3}$]	Analysed parameters
1	30	10	500	4.55	212	0	Mass loss of brake pad lining *ML*
2							
3						7.91	
4							
5						13.5	Arithmetic mean surface roughness R_a
6							
7						19	
8							
9						31.67	Brake pad lining surface
10							

Com base nestes testes, foram obtidos os seguintes resultados:

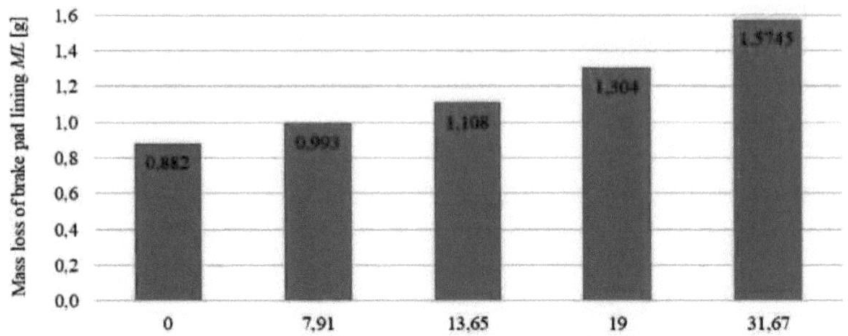

Fig. 15 Perda de massa das guarnições das pastilhas de travão com diferentes concentrações de sílica

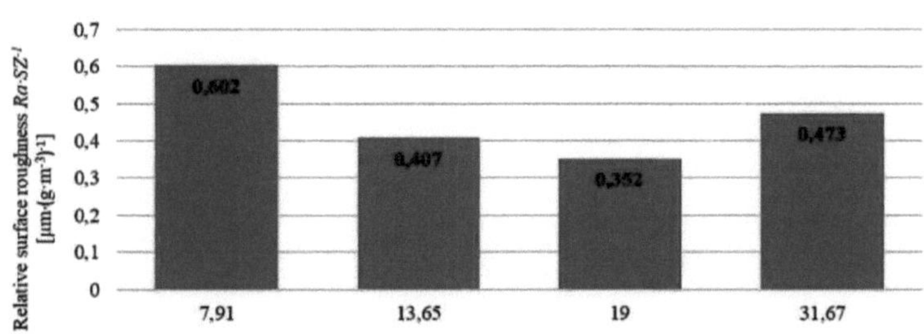

Fig. 16 Rugosidade relativa da superfície em diferentes concentrações de sílica

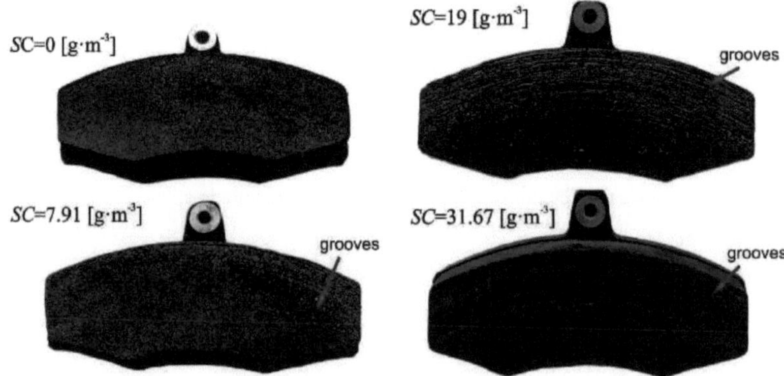

Fig. 17 Vista das pastilhas de travão expostas a diferentes concentrações de sílica

As conclusões importantes da experiência foram as seguintes:

1. Foi desenvolvido neste estudo um suporte de ensaio original para analisar o desgaste abrasivo do revestimento das pastilhas de travão sob concentrações

variáveis de pó de sílica.

2. Um aumento da concentração de sílica no ambiente de funcionamento conduz a uma maior perda de massa do revestimento das pastilhas de travão ML, e a relação observada é linear
3. Mesmo baixas concentrações de partículas em pó no ar causam danos consideráveis na superfície do revestimento das pastilhas de travão
4. Em caso de exposição a concentrações de sílica inferiores a 19 g/m³ , a perda de massa do revestimento do calço do travão é inversamente proporcional à folga entre o revestimento do calço e o disco do travão
5. Em caso de exposição a concentrações de sílica superiores a 19 g/m³ , a perda de massa do revestimento do calço do travão é estabilizada devido à acumulação de grandes partículas de quartzo na folga entre o revestimento do calço do travão e o disco do travão
6. A rugosidade relativa da superfície Ra·SZ-1 do revestimento da pastilha do travão é mais elevada na concentração mais baixa de partículas, o que indica que, nestas condições, o desgaste da pastilha do travão ocorre mais rapidamente por unidade de concentração de sílica na poeira transportada pelo ar.

REFERÊNCIAS

1] Stefan Flauder, Nico Langhof, Walter Krenkel , Stefan Schaffoner, "Frictional performance of C/C-SiC materials at high loads: The role of composition and third-body", Journal of Open Ceramics, Publicação da Elsevier, Volume 14 (2023),100364, https://doi.org/10.1016/j.oceram.2023.100364.

2] Harun Yanar, Gencaga Purcek, Muhammed Demirtas e Hasan Huseyin Ayar, "Effect of Hexagonal Boron Nitride (h-BN) Addition on Friction Behavior of Low-Steel Composite Brake Pad Material for Railway Applications", Tribology International, (2022), volume 165, doi:https://doi.org/10.1016/j.triboint.2021.107274.

3] Navnath Kalel, Bhaskar Bhatt, Ashish Darpe, Jayashree Bijwe, "Pastilhas de travão sem cobre: A Break-Through By Selection Of The Right Kind Of Stainless Steel Particles.", S0043-1648(20)30996-0, Wear Journal (2020), Publicação da Elsevier, Volumes 464-465, doi: https://doi.org/10.1016/_j.wear.2020.203537.

4] Jadhav, S. P., & Sawant, S. H., "A Review Paper: Desenvolvimento de novo material de fricção para aplicação de pastilhas de freio de veículos para minimizar questões ambientais e de saúde", Materials Today: Proceedings (2019), Publicação Elsevier, doi:10.1016/j.matpr.2019.06.703.

5] Wenhu Xu, Zhuoyuan Xu, Chuanjin Fu, Meirong Yi, Min Zhong, "Influências do CrFe
Granularity And Proportion On Braking Performance And Dynamic Response Of Cu-Based Pads" 2023, Journal of Wear, Volumes 530-531, 205043,
https://doi.org/10.1016Zj.wear.2023.205043

6] "Materiais ecológicos para pastilhas de travão - visão geral ANSYS", 2023 https://doi.org/10.1016/j.matpr.2023.05.194

7] "The Effect Of The Addition Of Blast Furnace Slag On The Wear Behavior Of Heavy Transport Polymer-Based Brake Pads" 2023 https://doi.org/10.1016/j.triboint.2023.108845

8] Hicri Yavuz e Hüseyin Bayrakçeken "The effect of huntite and baritemineral-based polymer composite brakematerials on frictionand braking performance "Proc IMechE Part E:J Process Mechanical Engineering 1-9 IMechE 2023Directrizes para a reutilização de artigos: sagepub. com/j ournal s-permissions
DOI:10.1177/09544089231207415journals.sagepub.com/home/pie

9] Hasan Oktema, Sitki Akincioglub, ilyas Uygur c e Gül§ah Akincioglub "A Novel Study Of Hybrid Brake Pad Composites: New Formulation, Tribologicalbehaviour And Characterisation Of Microstructure" (Nova formulação, comportamento tribológico e caraterização da microestrutura), Journal of Plastics, Rubber And Composites, 2021,

VOL. 50, NO. 5,249-261 https://doi.org/10.1080/14658011.2021.1898881

10] Gulsah Akincioglu , Sitki Akincioglu , Hasan Oktem and ílyas Uygur "Experimental Investigation On The Friction Characteristics Of Hazelnut Powder Reinforced Brake Pad Reports In Mechanical Engineering", 2021, Journal of Reports in Mechanical Engineering, Vol. 2, No. 1, pp. 23-30. ISSN:2683-5894,DOI:https://doi.org/10.31181/rme200102023a23

11] Ravi Raj.V, Vijaya Ramnath,B Srinivsan,R Sethuvelappan.P.Ramanan "Propriedades mecânicas de polímeros híbridos para aplicações de almofadas de rutura", 2020, Journal of Materials Science and Engineering 961, 012004, doi:10.1088/1757-899X/961/1/012004

12] N Hentati, F Makni e R Elleuch "Braking Performance Of Friction Materials: a Review Of Manufacturing Process Impact And Future Trends", 2023, Journal of TRIBOLOGY - MATERIALS, SURFACES & INTERFACES, VOL. 17, NO. 2, 136-157 https://doi.org/10.1080/17515831.2023.2216092

13] S. Mullaikodi, P. Sethuvelappan , M. Kamaraj, E. Naveen, "Desenvolvimento de material de fricção híbrido para aplicação em pastilhas de travão", 2020, Journal of Materials Science and Engineering, 923, 012039, doi:10.1088/1757-899X/923/1/012039

Printed by Books on Demand GmbH, Norderstedt / Germany